CATALOGUE

RAISONNÉ

Des Plantes, Arbres & Arbustes dont on trouve des Graines, des Bulbes & du Plant chez le Sieur ANDRIEUX, *Marchand Grainier-Fleuriste & Botaniste du Roi.*

Commercium omne , deficiente communi linguâ , cessabit. LINNÉ, *Spec. plant.*

A PARIS,

Chez ledit Sieur ANDRIEUX, Successeur du Sieur LEFEBVRE, Quai de la Mégisserie, à l'enseigne du Roi des Oiseaux & de la Renommée, ci-devant le Coq de la Bonne-Foi, près l'Arche-Marion.

M. DCC. LXXI.

A V I S.

Le Sieur Andrieux ayant à cœur de contenter le Public avec toute la fidélité dont il est capable, n'a négligé aucun soin pour rendre ce Catalogue le plus exact qu'il a été possible.

On y trouvera la lifte des Plantes utiles ou agréables dont il débite journellement les Graines, les Oignons & les Tubercules, & même du Plant soigneusement élevé : on y verra la lifte des Arbres & Arbustes dont il fait habituellement des envois. Il a cru devoir s'en tenir là & ne pas faire mention de beaucoup d'autres Plantes plus précieuses, dont le commerce n'est pas aussi général. Les correspondances qu'il tient, tant avec la Hollande, l'Angleterre & autres pays étrangers, qu'avec plusieurs curieux du Royaume, le mettent à portée de satisfaire aux demandes qui lui feront faites sur les objets les plus rares de la Botanique.

Pour éviter toutes méprises dans les envois, & pour satisfaire au defir des amateurs, qui demandent depuis long-tems les noms latins de Botanique attachés aux noms françois de commerce ; on a placé à chaque efpèce dans une feconde colonne les noms latins que M. de Linné donne dans fes ouvrages, & qu'il appelle à jufte titre les noms triviaux.

Lorfqu'on a été obligé d'ajouter un troisième nom pour diftinguer quelque *Race*, dont M. de Linné n'a point parlé, on a eu foin de le faire connoître par un caractère différent & plus petit; ces noms, au reste, sont également connus & usités. Mais il n'a pas paru convenable d'en fabriquer de nouveaux pour diverses variétés annoncées dans la colonne françoise, parceque souvent ils n'auroient pas été significatifs, & que n'étant pas connus, ils n'auroient été préférables en rien aux noms françois vulgaires, même pour les étrangers, que l'on a eu principalement en vue dans ce travail.

On a de plus eu soin de mettre à chaque espèce, suivant l'usage des Marchands Hollandois & de tous les Botanistes, des marques qui indiquent la durée des plantes. Le signe du Soleil ☉ désigne les *Plantes Annuelles*, qui naissent & meurent dans une seule révolution de la terre autour du Soleil; le signe de Mars ♂ désigne les *Plantes Bisannuelles*; celui de Jupiter ♃ les *Plantes Vivaces*; & le signe de Saturne ♄ les *Arbres* ou *Arbustes*, dont la durée de la vie égale ou surpasse celle de la révolution de cette planette.

Mais on fera observer que quand il se trouve des signes avant & après le nom françois, ceux qui le suivent désignent toujours la durée réelle ou physique de la plante; & que ceux qui sont en marge ont rapport à leur durée utile.

Pour ne rien laisser à desirer à ceux qui se fourniront de graines chez le Sieur Andrieux, on a mis, à la suite de ce Catalogue, des observations par forme de calendrier sur le tems de les semer, & un détail plus circonstancié sur la manière d'établir les prairies artificielles & quelques autres grandes cultures nouvellement introduites dans ce pays.

CATALOGUE

CATALOGUE
RAISONNÉ
Des Graines, Bulbes & Plants qu'on trouve chez le Sieur ANDRIEUX.

.I. RACINES POTAGERES.

☉ **L**e Salsifis blanc   *Tragopogon porrifolium.*
♂ la Scorsonaire ou Salsifis   *Scorzonera hispanica.*
    d'Espagne
♃ le Topinambour   *Helianthus tuberosus.*

    Ce sont les tubercules mêmes des racines que l'on vend pour planter au printems.

☉ la Carote rouge ♂   *Daucus Carota.*
    la Carote jaune
    la Carote blanche
♃ le Chéruis   *Sium Sifarum.*

    On en vend aussi du plant d'un an au printems.

☉ le Panais ♂   *Pastinaca sativa.*
☉ le Celeri-rave   *Apium graveolens* dulce.
♃ la Morelle - truffe ,   *Solanum tuberosum.*

    Elle s'appelle vulgairement à Paris Pomme-de-terre, à Lyon Truffe, Patate en Angleterre, Crampir en Allemagne, Ce sont ses tubercules qu'on plante au printems.

A

♃ le Navet ; ♂ de la graine de *Brassica Napus.*
Vaugirard, de Meaux, de Freneuse, de Belleville & autres
le Navet printannier, graine de Strasbourg.

☉ la Rabioule ou grosse rave ♂ *Brassica Rapa.*

☉ le Raifort, ou gros radis noir d'hiver ♂ *Raphanus sativus major.*

le Radis noir d'été & d'automne

le Radis blanc *Raphanus sativ. rotundus*
le petit Radis rond hâtif
le Radis rouge & rond hâtif

la Rave de corail *Raphanus sativ. oblongus*
la petite Rave hâtive
la Rave couleur de rose

☉ la Beterave rouge ♂ *Beta vulgaris.*
la Beterave de Castelnaudari

la Beterave jaune *Beta vulgaris lutea.*

☉♂ la Raiponce *Campanula Rapunculus.*

II. PLANTES BULBEUSES POTAGERES.

☉ LE Poireau ♂ *Allium Porrum.*

♃ l'Ail *Allium sativum.*
On n'en vend point de graines, mais des gousses pour replanter.

♃ la Rocambole *Allium Scorodoprasum*
Ce sont les bulbes qui naissent dans sa tête, qu'on vend & qu'on nomme improprement ses graines.

☉ l'Oignon rouge ♂ *Allium Cepa.*
l'Oignon pâle
l'Oignon blanc
le petit Oignon blanc de Florence

l'Oignon d'Espagne
♉ l'Echalotte ; du plant.   *Allium ascalonicum.*
☉ la Ciboule ♂   *Allium fistulosum.*
♉ la Ciboulette ou Civette ,   *Allium Schœnoprasum*
   point de graine , mais du plant.

III. VERDURES ET GROSSES PLANTES POTAGERES.

♉ L'Asperge d'Aubervil- *Asparagus officinalis.*
  liers
  la vraie Asperge de Hollande

    On en vend aussi du plant de toutes deux depuis Février jusqu'en Mai.

♉ le gros Artichaud de Laon *Cynara Scolymus.*
  l'Artichaud violet

    On en trouve aussi du plant de Février en Mai.

  le petit Artichaud de Provence
☉ le Cardon de Tours ♂ *Cynara Cardunculus.*
  le Cardon d'Espagne

    Et du plant des deux en Mai , Juin & Juillet.

☉♂ le Chou-cavalier *Brassica oleracea viridis.*
  le Chou rouge *Brassica oleracea rubra.*
  le vrai Chou rouge de Hol-
  lande
  le Chou d'hiver à grosse *Brassica oleracea capitata.*
  côte
  le Chou pancalier
  le Chou pommé de Saint-
  Denis
  le Chou pommé de Bon-
  neuil hâtif
  le gros Chou pommé d'Alface

le gros Chou de Milan	*Braffica oleracea fabauda*
le petit Chou de Milan	
le Chou de Savoie frifé & pommé	
le Chou pyramidal panaché	*Braffica oleracea fabellica.*
le Chou-fleur dur	*Braffica oleracea botrytis.*
le Chou-fleur tendre	
le Chou - fleur d'Angleterre hâtif	
le Chou-fleur de Hollande	
le Chou-fleur d'Italie	
le Chou-fleur de Malthe	
le Chou-fleur de Chypre	
le Chou Brocolis blanc de Malthe.	
le Chou Brocolis violet de Malte	
le Chou-rave ou de Siam	*Braff. oleracea gongylodes*
le Chou-navet	*Braff. oler.icea Napo-braffica.*

Outre toutes ces graines de Chou, le fieur Andrieux fournira du plant de la plupart fur-tout au printems & dans la faifon propre à chacun.

⊙	l'Arroche ou Belledame	*Atriplex hortenfis.*
⊙	la Poirée ♃	*Beta Cicla* viridis.
	la Poirée blonde à Cardes.	*Beta Cicla* alba.
⊙	l'Epinar	*Spinacia oleracea.*
	l'Epinar de Hollande ou gros Epinar	
♃	l'Ofeille de Belleville.	*Rumex acetofa.*
	l'Ofeille vierge	*Rumex acetofa* latifolia.

On en vend du plant au printems & en Automne, mais point de graine ; car cette race des montagnes n'en porte point ici, les individus que nous avons étant tous femelles.

IV. GRAINES LÉGUMINEUSES.

⊙ Lɛ Haricot de Soiſſons   *Phaſeolus vulgaris.*
le Haricot ſans parche-   *Phaſeolus nanus.*
min
le Haricot ſuiſſe noir.
— le brun
— le rouge
— le blanc
le Haricot nain de Hollande hâtif
le Haricot nain de Laon
hâtif
⊙ la Geſſe ou Lentille d'Eſ-   *Lathyrus ſativus.*
pagne
⊙ le Pois-michaud   *Piſum ſativum.*
le Pois-dominé
le Pois couronné
le Pois anglois
le Pois de Marly
le Pois-laurent
le Pois de Clamart
le Pois du mont Salvé
le Pois ſans pareil
le Pois quarré blanc   *Piſum ſativum quadratum.*
le Pois au cul noir
le Pois ſans parchemin
le Pois turc
le Pois nain de Hollande
le Pois nain à bouquet   *Piſum ſativum umbella-*
le Pois nain ſans parche-   *tum.*
min
le Pois vert normand   *Piſum ſativum*
⊙ la Garvance, ou le Pois-   *Cicer arietinum.*
chiche blanc

⊙ la Fève de marais   *Vicia Faba* major.
la grosse Fève de Wind-
sor

la petite Fève dite Julienne   *Vicia Faba* minor.
⊙ la Vesce blanche ou Len-   *Vicia sativa* alba.
tille de canada.
⊙ la Lentille   *Ervum Lens.*
la Lentille à la reine

V. SALADES ET FOURNITURES.

⊙ Les Laitûes pommées,   *Lactuca sativa* capitata.
savoir,
la petite-Crêpe
la grosse-Crêpe
la Gotte printaniere
la George
la Grosse blonde
la Dauphine
la Perpignane
la Bapaume
la Batavia ou de Siléfie
la Moufferonne
la Savoie
la Grosse-brune
la Petite-hollandoise
la Grosse-blonde hollan-
doise
la Rouge
la Flagellée
la Coquille
la Paffion
la Roulette rouge
la Roulette blanche
l'Italie
la Royale

la Pareſſeuſe
la Cocaſſe
la Verſailles
l'Impériale ou Allemande
la Palatine
la Sans-pareille
& les Laitues à couper.

la Laitue d'épinar.   *Lactuca ſativa*
les Laitues-romaines ou   *Lactuca ſativa* romana.
    Chicons ;
        ſavoir,
   la Romaine d'hiver
    ⟶ la brune
    ⟶ la verte
    ⟶ la blonde
    ⟶ la panachée
☉ la Chicorée ♂   *Cichorium Endivia.*
   la Chicorée de Meaux
   la Chicorée fine d'Italie
   la Scarole   *Cichorium Endivia* latifo-
                        lia.

☉♃ la Chicorée ſauvage   *Cichorium Intybus.*
   — la panachée

♃ l'Eſtragon , du plant.   *Artemiſia Dracunculus.*

☉ la Mâche commune   *Valeriana Locuſta* olitoria.
   la Mâche d'italie ou de la   *Valeriana Locuſta* oblon-
    Régence.   ga.
♃ la Bacille ou Percepierre   *Crithmum maritimum.*
☉ le Cerfeuil   *Scandix Cerefolium.*
☉ le Fenouil à faire blanchir   *Anethum Fœniculum.*
☉ le Céleri plein   *Apium graveolens* dulce.
   le Céleri couleur de roſe
   petit Céleri de Paris à cou-
    per.
   le Celeri-rave

☉ la Bourache, pour ſes fleurs.   *Borago officinalis.*
   le Naſitort ou Creſſon alé-   *Lepiaium ſativum.*
    nois.

le petit Nafitort frifé
le grand à feuilles d'ofeille
☉ la Roquette   *Braffica Eruca.*
☉ la Balfamine.   *Impatiens Balfamina.*
     Ses fleurs se mettent dans les salades.
☉ la Capucine   *Tropæolum majus.*
☉ la petite Capucine.   *Tropæolum minus.*
♃ l'Alleluia ou Oxalide   *Oxalis Acetofella.*
     De la graine & du plant.
☉ la Corne-de-cerf ou le Co-   *Plantago Coronopus.*
    ronope ♃
☉ le Pourpier   *Portulaca oleracea.*
☉♂ la Raiponce   *Campanula Rapunculus.*

On trouvera auffi dans le courant du printems & de l'été, du plant des meilleures Laitues & Romaines, de Chicorée & de Scarole.

VI. PLANTES AROMATIQUES.
POTAGERES.

♂ **L**'Angélique   *Angelica Archangelica.*
♃ Le Cerfeuil mufqué.   *Scandix odorata.*
     Sa graine étant longue à lever, on pourra en trouver du jeune plant d'un an.

♃ le Fenouil doux, ou Anis   *Anethum Fœniculum*
    de Paris
☉ l'Anis   *Pimpinella Anifum*
♃☉♂ le Perfil   *Apium Petrofelinum.*
    le gros Perfil
♃ le Romarin   *Rofmarinus officinalis.*
♃ la Sauge   *Salvia officinalis.*
♃ la Lavande   *Lavandula Spica.*
♃ la Marjolaine   *Origanum Majorana.*
♃ le Thim   *Thymus vulgaris.*

On vend auffi & plus communément du plant de ces cinq dernieres pour les bordures des potagers.

⊙ la Sarriette   *Satureia hortensis.*
⊙ le grand Basilic   *Ocimum monachorum.*
⊙ la Moldavique   *Dracocephalum moldavica*

     On trouvera plus bas la recette du Ratafia qu'on fait de ses fleurs.

ƶ la Violette double,   *Viola odorata plena.*
     Du plant
⊙ la Nigelle aromatique ou   *Nigella sativa.*
     l'Epicerie
ƶ l'Œillet à Ratafia;   *Dianthus Caryophyllus.*
     Graines & marcottes, ou des pieds suivant les saisons.

VII. FRUITS DE POTAGER.

⊙ Le Maïs ou Blé de tur-   *Zea Mays.*
     quie, dont les jeunes épis se mangent en cornichons.
⊙ le grand Chilé, Piment ou   *Capsicum grossum.*
     Poivre long
⊙ la Mélongène ou Auber-   *Solanum Melongena.*
     gine
⊙ la Tomate ou Pomme d'a-   *Solanum Lycopersicum.*
     mour
⊙ le Giclet ou Concombre   *Momordica Elaterium.*
     d'attrape, qui n'est que de curiosité.
     le Concombre jaune   *Cucumis sativus.*
     — le hâtif blanc
     — le vert pour cornichons.
⊙ le Concombre-serpent.   *Cucumis flexuosus.*
     Il a trop peu de chair pour être fricassé ; mais on en fait des cornichons.
⊙ le Melon-maraicher   *Cucumis Melo* vulgaris.
     le Melon de Coulomier
     le Melon des carmes, gros
        & petit
     le Melon-langeais   *Cucumis Melo* striatus.
     le Melon sucrin de Tours   *Cucumis Melo* saccharatus.

le Cantaloup plat & autres   *Cucumis Melo* verrucosus.
des meilleurs.

☽ la Citrouille   *Cucurbita Pepo* oblongus.
le Potiron   *Cucurbita Pepo* rotundus.
le Potiron brodé
le Potiron vert
le Giraumon noir   *Cucurb. Pepo* americanus.
⚊ le blanc à verrues
le moucheté dit Citrouille de Barbarie, & autres
des meilleurs.

⊙ le Paftiffon, Bonnet d'élec-   *Cucurbita Melopepo*
teur, ou Artichaut de
Jérufalem
⟶ le petit à bandes, de diverses formes.

le Pépon à verrues   *Cucurbita verrucofa.*
⊙ les Giraumonets à bandes   *Cucurbita ovifera.*
⊙ & fans bandes
⊙ la Pafteque, ou le Melon   *Cucurbita Citrullus.*
d'eau
la Courge   *Cucurbita lagenaria.*
⊙ la Courge longue ·   *Cucurbita lagenaria* longa.

C'eft dans le nombre des Paftiffons, des Pépons &
des Giraumonets que fe trouvent tous ces fruits de
montre qu'on garde pour la beauté, & qu'on nomme
Oranges, Poires, Coloquintes, &c. &c.

♃ LES FRAISIERS, *favoir:*

Le Fraifier à fleurs femi-   *Fragaria* silvestris multi-
doubles, qui rapporte   plex.
de bons fruits.

le Fraifier hâtif d'Angle-   *Fragaria* silvestris minor.
terre, à élever sous chassis,   tant le rouge que le blanc.

le Fraifier des mois, qui   *Fragaria* silvestris semper
produit jusqu'aux gelées   florens.
sans secours

Le Fraifier-buiffon, qui ne   *Frag.* silvest. efflagellis.
produit point de coulans ;   tant le rouge que le blanc.

le Fraisier de versailles,   *Frag.* silvest. monophylla.
qui a les feuilles simples & les queues des fruits feuil-
lues.

LES BRESLINGES OU FRAISIERS VERTS;
Savoir :

Le Fraisier vert , d'Angle-   *Fragaria* pratensis viridis.
terre ,
le Fraisier - brugnon de   *Fragaria* pratensis Linnæi.
Suède.
le Fraisier-breslinge, de la   *Fragaria* pratensis nigra.
Thuringe
le Fraisier de lonchamp   *Frag.* pratensis Vaillantii.
le Fraisier de bargemon   *Frag.* pratentis Cesalpini.
le Fraisier vineux,de Cham-   *Fragaria* prat. angulosa.
pagne
le Fraisier de mignone   *Fragaria* prat. granulosa.

LES CAPERONIERS OU FRAISIERS MUSQUÉS;
Savoir :

Le Caperonier royal   *Fr.* moschata hermaphrodita.
le Caperonier framboisé,   *Frag.* moschata dioica.
  & autres variétés à fleurs semi-doubles , feuilles cré-
  pues , &c.

LES QUOIMIOS OU FRAISIERS D'AMÉRIQUE;
Savoir :

Le Fraisier écarlate   *Frag.* americana coccinea.
le Fraisier-ananas   *Frag.* americana ananassa.
le Fraisier de bath   *Frag.* americana Milleri
le Fraisier de caroline   *Frag.* americana lucida
le Fraisier-quoimio   *Frag.* americana tincta
le Frutiller , ou Fraisier du   *Frag.* chiloensis dioica.
  chili , à fruits de la grosseur d'œufs de poule.
le Frutiller royal   *Frag.* chiloensis hermaph.

On trouvera toujours chez le sieur Andrieux des graines des différens Fraisiers rapportés ci-dessus ; mais il est plus prompt & plus sûr d'employer du plant dont il fournira les curieux ; il avertit seulement que les Quoimios & les trois derniers Breslin-ges dégénèrent beaucoup plus dans les semis que les Fraisiers proprement dits & les Caperoniers. Il y a sur-tout de l'avantage à semer les Fraisiers hâtifs, les Fraisiers-buissons & les Fraisiers des mois. On avertit encore les cultivateurs que dans les Caperoniers élevés de graine, il se trouve toujours moitié de pieds mâles qui sont stériles, mais sans lesquels les femelles le sont aussi, à moins qu'on ne les plante mêlées avec du Caperonier royal, qui est hermaphrodite, & que le Frutiller a pareillement besoin d'être joint ou au Fruti-ller royal ou au Caperonier royal, ou aux autres Quoimios, mais pour le mieux au Fraisier-ananas qui fleurit dans sa même saison *.

3) le Framboisier des Alpes,   *Rubus idæus* alpinus.
   qui porte du fruit en Juin, en Septembre & Octobre.

---

* M. Duchesne, auteur de l'Histoire naturelle des Frai-siers, a bien voulu nous gra-tifier tant des graines que du plant des Fraisiers ci-dessus.

* *Fragariarum nomina trivia-lia a celeberrimo D. C. Linnæo non relata, eum seminibus ip-sis seu radicibus vivis, a D. Duchesne accepimus.*

VII. FLEURS ET PLANTES DE CURIOSITÉ.

1 Le Balisier ou la Canne d'inde   *Canna indica.*
1 l'Iris de Suze   *Iris susiana.*
1 l'Iris de Florence   *Iris florentina.*
1 l'Iris odorant   *Iris sambucina.*
1 l'Iris panaché   *Iris variegata*
1 l'Iris nain   *Iris pumila*
1 l'Iris-hermodate   *Iris tuberosa*
1 l'Iris bulbeux   *Iris Xiphium.*

꙳ l'Iris de Perse   *Iris perfica.*
꙳ le Safran   *Crocus fativus officinalis.*
꙳ le Safran printanier, dit   *Crocus fativus vernus.*
     Crocus
꙳ le Narciſſe jaune, ou Aïaut   *Narciffus Pfeudonarciffus.*
     double.
꙳ le Narciſſe blanc, ou la   *Narciffus poeticus.*
     Jeannette, double
꙳ le Narciſſe blanc à bou-   *Narciffus albus.*
     quets, dit Totus albus.
꙳ le Narciſſe odorant, dit   *Narciffus Tajetta.*
     Soleil d'or
꙳ le Narciſſe de Conſtanti-   *Narciffus orientalis.*
     nople.
     Et tous ces mêmes Narcisses simples au compte & au
     boisseau.

꙳ la Jonquille ſimple   *Narciffus Jonquilla*
     la Jonquille double
     la groſſe Jonquille de Caen
꙳ l'Emérocale   *Hemerocallis flava.*
꙳ l'Emérocale orangée   *Hemerocallis fulva.*
꙳ la Greneſienne   *Amaryllis farnienfis.*
꙳ la Greneſienne belladonne   *Amaryllis Belladonna.*
꙳ le Lis   *Lilium candidum.*
꙳ le Lis orangé   *Lilium bulbiferum.*
꙳ le Martagon pomponien.   *Lilium pomponium.*
꙳ le Lis-émérocale   *Lilium chalcedonium.*
꙳ le Martagon   *Lilium Martagon.*
꙳ la Fritillaire impériale ou   *Fritillaria imperialis.*
     Couronne impériale
     De toutes ces plantes un grand nombre de variétés des
     plus belles.

꙳ les belles Tulipes dénom-   *Tulipa gefneriana.*
     mées; en particulier
     la Tulipe odorante, dite Duc de Thol, qui fleurit
     en Janvier, Février & Mars, plantée en Octobre, No-
     vembre & Décembre.
     & les Tulipes communes au compte ou au boisseau.

♃ les Jacintes doubles de *Hyacinthus orientalis.*
Hollande, distinguées par nom, de différentes nuances;
bleues, blanches, rouges, violettes, pourpres, couleur
de chair, jaunes, &c.

les Jacintes doubles, dites Civilis, Lionnaises & autres
de Hollande sans nom, de toutes les couleurs.

les Jacintes simples, dites Passes tout de Hollande.

les Jacintes communes, au compte & au boisseau, & de
la graine de ces Jacintes des plus belles.

On trouve aussi chez le sieur Andrieux des Jacintes &
autres oignons ou fleuris en pot & en caraffe, ou avancés
pour fleurir eu hiver.

♃ le Muscari	*Hyacinthus muscari*
♃ la Scille ou Jacinte de mai	*Scilla amena.*
♃ la Tubéreuse double la Tubéreuse simple	*Polyanthes tuberosa.*
♃ l'Alpiste-roseau panaché, ou Ruban	*Phalaris arundinacea* picta.
⊙ la Larmière ou Larme-de-job	*Coix Lachryma jobi.*
♃ le Roseau panaché ou grand Ruban	*Arundo Donax* picta.
♃♂ la Catanance	*Catananche cœrulea.*
⊙ les Bluets ou Barbeaux de plusieurs couleurs.	*Centaurea cyanus.*
⊙ l'Ambrette rouge & blanche	*Centaurea moschata.*
l'Ambrette jaune ou Barbeau jaune	*Centaurea moschata Amberboi.*
⊙♂ la Sérante ou grande Immortelle. On en vend aussi du plant.	*Xeranthemum annuum.*
♂ l'Obéliscaire	*Rudbeckia hirta.*
⊙ le Soleil ou Vosacan	*Helianthus annuus.*
♃ le Soleil vivace ou petit Vosacan, du plant & non de la graine.	*Helianthus multiflorus.*
⊙ la Brésine ou Zinnia.	*Zinnia multiflora.*

(15)

la Coriope découpée : du   *Coreopsis tripleris* minor.
plant.

la Tagète ou œillet d'inde   *Tagetes patula*

la grande Tagète ou Rose   *Tagetes erecta*
d'inde

la Crisaine ou Chrysanthe-   *Chrysanthemum corona-*
mum   *rium.*

On vend au printems des boutures de la double, ce qui
la conserve comme vivace.

l'Aster, ou *oculus-christi*   *Aster Amellus.*
& divers autres Asters plus rares.

la Reine-marguerite-vio-   *Aster chinensis.*
lette, gris de lin, rouge, couleur de chair, blanche,
les mêmes panachées ; & les petites à pompons.

la Santoline : & du plant.   *Santolina Chamæ-cyparis-*
sias.

le Souci-double   *Calendula officinalis.*

l'Immortelle jaune : du   *Gnaphalium orientale.*
plant

l'Aurone : du plant.   *Artemisia Abrotanum.*

la Valériane éperonnée   *Valeriana rubra.*

la Scabieuse odorante   *Scabiosa atropurpurea*

la Scabieuse-immortelle   *Scabiosa stellata.*

la Primevère, graine & plant   *Primula veris.*
& du plant de celles à fleurs doubles.

la Primevère à bouquets   *Primula veris elatior.*
des curieux (graines & œilletons)

l'Auricule ou oreille-d'ours   *Primula Auricula.*
& des œilletons des plus belles variétés.

le Ciclame   *Ciclamen europeum.*

le Liseron des indes, dit   *Convolvulus hederaceus.*
Volubilis.

la Belle-de-jour   *Convolvulus tricolor.*

la Polémoine ou Valéria-   *Polemonium coeruleum.*
ne grecque

le Floxe   *Phlox maculata.*

la Digitale, graine & plant   *Digitalis purpurea.*

la Pervanche de Mada-   *Vinca rosea.*
gascar ♄

☉♄ l'Héliotrope du Pérou, ♃   *Heliotropium peruvianum*
des graines & des pieds en pot.

☉ la Moldavique   *Dracocephal. Moldavica.*

☉ le petit Basilic   *Ocimum minimum*

le petit Basilic violet.

le Basilic à feuille d'ortie   *Ocimum Basilicum.*

le Basilic à feuille de laitue   *Ocimum monachorum.*

☉ le Taraspic blanc & le gris   *Iberis umbellata.*
de lin.

♃ le Taraspic vivace   *Iberis sempervirens.*

♄ le Taraspic d'hiver   *Iberis semperflorens.*

♃ l'Alisse dorée ou Taras-   *Alyssum incanum.*
pic-jonquille

♂ la Barbarée ou Julienne   *Erysimum Barbarea.*
jaune

♃♂ la Julienne.   *Hesperis matronalis.*

♃ la Julienne double : du
plant

♂♃♄ la Giroflée jaune   *Cheiranthus Cheiri.*
la Giroflée jaune double
des plus belles.

☉ la Quarantaine de diffé-   *Cheiranthus annuus.*
rentes couleurs

la Quarantaine grecque.

♃♂ la Giroflée, les doubles de   *Cheiranthus incianus.*
toutes sortes en pots ou en plant.

la Giroflée royale blanche
& rose

☉ le Pavot double :   *Papaver somniferum.*
Plusieurs sortes de diverses couleurs.

☉ le Coquelicot double   *Papaver Rhœas.*
De plusieurs couleurs

☉ la Balzamine double :   *Impatiens Balsamina.*
De plusieurs couleurs.

☉ la Balzamine jaune.   *Impatiens Noli-tangere.*

♃ l'Hépatique :   *Anemone Hepatica.*
Du plant des diverses sortes.

l'Anémone

(17)

♃ l'Anémone ; de la graine &   *Anemone coronaria.*
  des pattes des plus belles variétés.
♃ la Renoncule , graine &   *Ranunculus afiaticus.*
  griffes des doubles & des semi-doubles des plus belles.
⊙ le Pied-d'allouette, ou la   *Delphinium ajacis.*
  Delphinette double , de plusieurs couleurs.
♃ l'Aconit, graine & plant.   *Aconitum Napellus.*
⊙ la Nigelle, ou le Cheveu   *Nigella damafcena.*
  de Vénus.
♃ la Fraxinelle , graine &   *Dictamnus albus.*
  plant.
⊙♄ le Geranium ou la Gérai-   *Geranium ʒonale.*
  ne odorante ♄
  le même à feuilles panachées & autres variétés : de la
  graine des espèces qui en rendent, & du plant de toutes les variétés.
♃♄ la Grenadille, ou Fleur de   *Paffiflora coerulea.*
  la paffion , graine & plant. ♄
♃ le Mouffelin, sorte de pe-   *Moerhingia mufcofa.*
  tit gazon à fleurs blanches, graine & plant.
♂ l'Œillet-bouquet, ou Œil-   *Dianthus carthufianorum*
  let de poëte : graine &   *latifolius.*
  plant des simples & des doubles.
♃ l'Œillet d'Efpagne dou-   *Dianthus barbatus.*
  ble, du plant.
⊙♃ l'Œillet de la Chine , dou-   *Dianthus chinenfis.*
  ble panaché de plusieurs couleurs. ♃
♃ l'Œillet double piqueté ,   *Dianthus Caryophyllus.*
  ou panaché : de la graine & des marcottes des plus
  belles variétés.
⊙ le Mufcipula   *Silene Mufcipula.*
♃ la Coronaire ou grande   *Agroftemma Coronaria,*
  Coquelourde & du plant de la double.
♃ la Niquenique ou Véro-   *Lychnis Flofcuculi.*
  nique double ; du plant.
♃ la Bourbonnoife double ,   *Lychnis Vifcaria.*
  du plant.
♃ la Licnide ou Croix de Jé-   *Lychnis chalcedonica.*
  rufalem blanche & rouge & du plant des variétés à
  fleurs doubles.   B

♃ la Merveille , ou Belle de nuit   *Mirabilis Jalapa*

♃ la Merveille du Mexique : du plant.   *Mirabilis longiflora.*

♃ le Plantain-rosé   *Plantago major rosea.*

☉ l'Amarante à queue de renard   *Amaranthus caudatus.*

☉ le Tricolor   *Amaranthus tricolor.*

☉ l'Amarantoïde   *Gomphrena globosa.*

☉ le Passe-velours ou Amarante à palme rouge & jaune   *Celosia cristata.*

☉ le Blit ou Epinar-fraise   *Blitum capitatum.*

☉ le Belveder   *Chenopodium Scoparia.*

☉ la Persicaire du levant   *Polygonum orientale.*

☉ la Glaciale   *Mezembrianthemum crystallinum.*

♂ la Mauve en arbre   *Lavatera arborea.*

☉♂♃ la Passerose ou Rose-tremière de toutes couleurs, & du plant d'un an. ♃   *Alcea rosea.*

☉♄ la Sensitive : & des pieds en pots. ♂   *Mimosa pudica.*

☉♄ la Sensitive paresseuse ♄   *Mimosa pernambucana.*

☉ le Haricot d'Espagne , & du plant.   *Phaseolus vulgaris coccineus.*

☉ le Lupin panaché   *Lupinus varius.*

☉ la Gesse odorante , ou le Pois d'odeur.   *Lathyrus odoratus.*

♃ la Gesse, ou Pois à bouquet   *Lathyrus latifolius.*

♂ le Sainfoin d'Espagne   *Hedysarum coronarium.*

☉♃ le Baguenaudier rouge ♄   *Colutea frutescens.*

♃ l'Etépin, qui grimpe comme un haricot, repousse chaque année, & garnit les treillages les plus ombragés.   *Glycine monoica.*

♃ la Campanule   *Campanula persicifolia.*

la Campanule double : du plant.

♂ la Pyramidale   *Campanula pyramidalis.*

♂ le Chambon ou Herbe aux ânes.   *Œnothera biennis.*

(19)

☉ la Cardinale	*Lobelia Cardinalis.*
☉ la Cardinale bleue	*Lobelia ſiphylitica.*
☉ le Giclet ou Concombre d'attrape	*Momordica Elaterium.*
☉ le Ricin ou Palma-Chriſti	*Ricinus communis.*

ON trouvera des graines de Gazons triées des meilleures eſpèces vivaces des bas prés, qui forment enſemble des tapis ſerrés, verts & durables, y compris le Rai-graſſ & le Fromental; ſavoir:

♃ la Flouve	*Anthoxanthum odoratum.*
♃ le Fromental	*Avena elatior.*
♃ l'Avenette blonde	*Avena flaveſcens.*
♃ l'Avenette argentée	*Avena pratenſis.*
♃ la Cretelle	*Cynoſurus criſtatus.*
♃ le Painvin	*Lolium perenne.*
☉ l'Amourette tremblante	*Briza media.*
♃ la Poherbe des prés	*Poa pratenſis.*
♃ la Poherbe des bois	*Poa anguſtifolia.*
♃ la Poherbe des friches	*Poa trivialis.*

VIII. ARBRES A FLEURS ET ARBUSTES.

LA Buplèvre ou Séſeli d'Ethiopie	*Buplevrum fruticoſum.*
la Morelle-Ceriſette, dite Amomum	*Solanum Pſeudocapſicum.*
le Lilas	*Syringa vulgaris.*
l'Héliotrope du Pérou	*Heliotropium peruvianum.*

Pour faire lever cette graine, le mieux est de ne la point enterrer, mais de couvrir la terre de Mousse & de l'entretenir humide.

| la Quetmie, dite Althæa frutex | *Hibiſcus ſyriacus.* |
| le Gaînier ou Arbre de Judée | *Cercis Siliquaſtrum.* |

le Genêt d'Espagne	*Spartium junceum.*
le Citife des Alpes	*Cytifus Laburnum.*
le Baguenaudier	*Colutea arborefcens.*
l'Amorfife ou Indigo bâtard	*Amorpha fruticofa.*
le Piracante ou Buiffon ardent.	*Mefpilus Pyracantha.*
l'Aubépin, ou Epine blan-	*Cratægus Oxyacantha.*
le Cormier ou Sorbier	*Sorbus domeftica.*
le Cochêne ou Sorbier des oifeaux	*Sorbus aucuparia.*
le Sumac de Canada	*Rhus typhinum.*
le Tuyer ou Arbre de vie	*Thuya occidentalis.*
le Tuyer de la Chine	*Thuya orientalis.*

ARBRES DE FORÊTS, D'AVENUES, OU DE JARDINS DE PROPRETÉ.

Le Troêne	*Liguftrum vulgare*
le Frêne	*Fraxinus excelfior.*
le Tilleul	*Tilia europea.*
le Tilleul de Hollande	*Robinia Pfeudo-acacia.*
l'Acacia	*Acer Pfeudo-platanus.*
l'Erable-ficomore	*Acer Platanoides.*
l'Erable plane	*Acer Platanoides.*
le Charme	*Carpinus Betulus.*
le Hêtre	*Fagus filvatica.*
l'Orme	*Ulmus campeftris.*
le Chêne	*Quercus Robur.*
l'Yeufe ou Chêne-vert	*Quercus Ilex.*
le Mûrier blanc	*Morus alba.*
le Mûrier à la rofe	
l'If	*Taxus baccata.*
le Ciprès	*Cupreffus fempervirens.*
le Pin	*Pinus Pineas.*
le Pin de Hollande	*Pinus filveftris.*
le Cèdre du Liban	*Pinus Cedrus.*
le Sapin	*Pinus Picca.*
le Sapin de Piémont	

IX. FOURAGES.

♃ **L**A grande Maſſette ou Thimoty des Anglois.   *Phleum pratenſe.*

♃ le Fromental ou Rai-grass de Dom Miroudot (*a*)   *Avena elatior.*

♃ le grand Painvin ou Ray-grass d'Angleterre   *Lolium perenne.*

♃ la Poherbe de Virginie, Birds-grass, ou Graine d'oiseaux.   *Poa capillaris.*

♃ la grande Pimprenelle   *Poterium Sanguiſorba.*

♃ la Morelle-truffe   *Solanum tuberoſum.*

☉ la Guède ou le Paſtel ♂   *Iſatis tinctoria.*

☉ la Rabioule, Turnep des Anglois, ou vraie Rave des Anciens. ♂   *Braſſica Rapa.*

☉ la Spergule ♂   *Spergula arvenſis.*

♃ l'Ajonc ou Jomarin ♄   *Ulex europeus.*

♃ la Luzerne la Luzerne de Provence   *Medicago ſativa.*

♂ la Lupuline, ou le Trèfle noir ♂   *Medicago lupulina.*

♃ le Trèfle de Hollande   *Trifolium pratenſe.*

♃ le Sainfoin   *Hedyſarum Onobrychis.*

AUTRES PLANTES DE GRANDE CULTURE.

♃ Le Saffran ; des oignons.   *Crocus officinalis.*

☉ l'Alpiſte   *Phalaris canarienſis.*

☉ le Sorgo   *Holeus Sorghum.*

☉ le Panis ou petit Millet   *Panicum italicum.*

☉ le Millet   *Panicum miliaceum.*

(*a*) L'on ne tient point de graine de l'Orge ſauvage connu ſous le nom de *Riegraſſ* & *de faux Seigle*, *Hordeum murinum*, parce que ce fourage ne vaut rien.

⊙ le Soucrion, ou Orge nu	*Hordeum diſtichum nudum.*
⊙ le Froment de Smirne ou Blé de miracle	*Triticum æſtivum palmatum.*
⊙ le Maïs ou Blé de turquie	*Zea Mays.*
♃ la Garance	*Rubra tinctorum.*
♃ la Soyeuſe ou Ouatte	*Aſclepias ſyriaca.*
⊙ le Colſa	*Braſſica arvenſis.*
⊙ le Lin de Riga	*Linum uſitatiſſimum.*
⊙ le Chanvre de Piémont	*Cannabis ſativa* gigantea.

X. GRAINES D'USAGE EN NATURE,

ou de diverses plantes médicinales, &c.

L'*Oignon* de Lis	*Lilium candidum.*
l'Alpiſte	*Phalaris canarienſis.*
la Larmière, ou Larme de Job	*Coix Lachryma Jobi.*
le *Gruau de Bretagne*, ou Avoine mondée	*Avena ſativa*
le Millet	*Panicum miliaceum.*
le Panis	*Panicum italicum.*
l'Orge *mondé*	*Hordeum diſtichum.*
la Laitue	*Lactuca ſativa.*
la Chicorée	*Cichorium Endivia.*
la Scarole	
le Cartame	*Carthamus tinctorius.*
l'Aunée	*Inula Helenium.*
la Santoline	*Santolina Chamæcypariſſias.*
l'Abſinte	*Artemiſia Abſinthium.*
l'Armoiſe	*Artemiſia vulgaris.*
la Chardonnette, Cardière, ou Chardon à foulon	*Dipſacus fullonum campeſtris.*

le Sureau	*Sambucus nigra.*
l'Hieble , *fruit & graine mondée*	*Sambucus Ebulus.*
la Carotte sauvage	*Daucus Carota.*
le Daucus de Crete	*Athamanta cretensis.*
l'Ammi	*Ammi majus.*
le Persil de Macédoine, ou le Macédoine	*Bubon macedonicum.*
la Ciguë	*Conium maculatum.*
l'Angélique	*Angelica Archangelica.*
le Séseli de Marseille	*Seseli tortuosum.*
le Cheruis	*Sium Sisarum.*
le Cumin	*Cuminum Cyminum.*
la Coriandre	*Coriandrum sativum.*
le Panais sauvage	*Pastinaca silvestris.*
l'Anet	*Anethum graveolens.*
le Fenouil doux	*Anethum Fœniculum.*
le Fenouil de Florence	
le Carvi	*Carum Carvi.*
l'Anis	*Pimpinella Anisum.*
l'Ache	*Apium graveolens*
le Chilé ou Piment	*Capsicum grossum.*
la Jusquiame ou Hannebanne	*Hyoscyamus niger.*
le Tabac	*Nicotiana Tabacum.*
l'Agnus-castus ou le Négond	*Vitex Agnus castus.*
la Verveine	*Verbena officinalis.*
le Troêne	*Ligustrum vulgare*
le Grémil	*Lithospermum officinale*
la Buglose	*Anchusa officinalis.*
la Bourrache	*Borrago officinalis.*
le Romarin	*Rosmarinus officinalis.*
l'Orvale	*Salvia Sclarea.*
la Lavande	*Lavandula Spica.*
l'Ortie blanche, ou le Lamier,	*Lamium album.*
la Marjolaine,	*Origanum Majorana.*
la Melisse	*Melissa officinalis.*

le Thim	*Thymus vulgaris.*
la Moldavique	*Dracocephalum Moldavica,*
le Basilic	*Ocymum Basilicum*
la Cameline, dite Camomile	*Myagrum sativum*
le Tlaspi	*Thlaspi campeſtre.*
le Talitron ou Sophie	*Siſymbrium Sophia.*
le Chou	*Braſſica oleracea.*
le Navet ſauvage	*Braſſica Napus.*
le Senevé, ou la Moutarde	*Sinapis nigra.*
le Pavot blanc	*P. paver ſomniferum* album.
le Pavot, dit Œillette	*Papav. ſomniferum* nigrum.
la Violette	*Viola odorata.*
la Gaude	*Reſeda Luteola.*
la Pivoine femelle	*Pœonia officinalis* fœmina.
la Pivoine mâle.	*Pœonia officinalis* mascula.
la Stafiſaigre	*Delphinium Staphiſagria.*
l'Epine-vinette	*Berberis vulgaris.*
les *Bayes* de Laurier	*Laurus nobilis.*
la Rue	*Ruta graveolens.*
le Millepertuis	*Hypericum perforatum.*
l'Œillet à ratafia	*Dianthus Caryophyllus.*
la Nêle, ou la Nielle ſauvage	*Agroſtemma Githago.*
le Lin	*Linum uſitatiſſimum.*
le Plantain	*Plantago major.*
le Pſillium, ou la Pulicaire	*Plantago Pſyllium.*
la Millegraine du Mexique, dite Thé du Mexique	*Chenopodium ambroſioides.*
la Patience	*Rumex Patientia.*
le Pourpier vert	*Portulaca oleracea.*
la Cuſcute	*Cuſcuta europea.*
le Lierre	*Hedera Helix.*
les *Pepins* d'Orange	*Citrus Aurantium.*
les *Pepins* de Citron	*Citrus Medica.*
la Mauve	*Malva rotundifolia.*
la Mauve friſée	*Malva criſpa.*

la Guimauve	*Althæa officinalis.*
le Fenugrec	*Trigonella Fænum græcum.*
le Lupin	*Lupinus albus.*
le Pois chiche rouge de Provence	*Cicer arietinum.*
le Pois chiche blanc	
le Mélilot baume, dit Baume du Pérou	*Trifolium Melilotus cæru-lea.*
le Concombre sauvage, ou Giclet	*Momordica Elaterium.*
les *Semences froides mondeés ; savoir,*	
de Melon	*Cucumis Melo.*
ou de Concombre	*Cucumis sativus.*
de Courge	*Cucurbita lagenaria.*
de Citrouille	*Cucurbita oblongus.*
ou de Potiron	*Cucurbita Pepo rotundus.*
& de Pasteque, dite autrefois Citrouille	*Cucurbita Citrullus.*
les *Baies* de Mirte	*Myrthus communis.*
la *Graine* du petit Nerprun, dite graine d'Avignon.	*Rhamnus infectorius.*
l'Aigremoine	*Agrimonia Eupatorium.*
les *Glands* du Chêne	*Quercus Robur.*
le Houblon	*Humulus Lupulus.*
l'Ortie noire, ou grande Ortie	*Urtica dioica.*
l'Ortie romaine	*Urtica pilulifera.*
l'Epurge	*Euphorbia Lathyrus.*
le Ricin	*Ricinus communis.*
le Genièvre	*Juniperus communis.*
le Pin	*Pinus Pineas.*

ARBRES ET ARBUSTES

PROPRES

A L'ORNEMENT DES JARDINS,

Dont le Sieur ANDRIEUX fournira des Plants de différens âges, ou des Sujets élevés en pots & en caisses, ou des Greffes & Boutures.

I. ARBRES DE BOSQUETS

qui croissent à plus de dix pieds.

Le Cornouiller	*Cornus mascula.*
le Cornouiller de Virginie	*Cornus florida.*
le Sureau découpé	*Sambucus nigra* laciniata.
le Sureau panaché	*Sambucus nigra* variegata.
le Sureau à grapes	*Sambucus racemosa.*
le Lilas pourpre, bleu ou blanc.	*Syringa vulgaris.*
le Frêne à fleur	*Fraxinus Ornus.*
le Catalpa	*Bignonia Catalpa.*
le Tilleul de Hollande	*Tilia europea* latifolia.
le Tilleul de Caroline	*Tilia americana.*
le Gainier ou Arbre de Judée	*Cercis siliquastrum.*

le Citife des Alpes	*Cytifus Laburnum.*
l'Acacia	*Robinia Pfeudo-acacia.*
le Baguenaudier	*Colutea arborefcens.*
le Paliure, ou Argalou	*Rhamnus Paliurus.*
le grand Fufain,	*Evonymus europeus latifolius.*
le Patenôtier ou faux Piftachier	*Staphylaa pinnata.*
le Pûtier ou Cerifier à grapes	*Prunus Padus.*
le Mahaleb ou Bois de Sainte Lucie.	*Prunus Mahaleb.*
l'Alizier	*Cratagus torminalis.*
l'Alizier-cirier	*Cratagus Aria.*
l'Azerolier	*Cratagus Azarolus.*
l'Azerolier de Canada	*Cratagus coccinea.*
l'Azerolier-luifant	*Cratagus Crus-galli.*
le Pinchot	*Cratagus tomentofa.*
le Cochêne ou Sorbier des oifeaux.	*Sorbus aucuparia.*
le Cormier ou Sorbier cultivé	*Sorbus domeftica.*
le Piracante, ou Buiffon ardent	*Mefpilus Pyracantha.*
le Maronier rouge, dit Pavia	*Æfculus Pavia.*
l'Erable	*Acer campeftre.*
l'Erable de Montpellier.	*Acer monfpeffulanum.*
l'Erable de Candie	*Acer creticum.*
l'Erable-ficomore	*Acer Pfeudo-platanus.*
l'Erable-plâne	*Acer Platanoides.*
le Saule du Levant, dit Saule parafol	*Salix babilonica.*
le Peuplier de Lombardie	*Populus nigra lombarica.*
le Peuplier blanc ipréau	*Populus alba excelsior.*
le Peuplier-baumier	*Populus balfamifera.*
le Peuplier de Canada	*Populus heterophylla.*
le Peuplier de Caroline	*Populus latifolia.*
le Platane	*Platanus orientalis.*

le Platane de Virginie	*Platanus occidentalis.*
le Charme d'Italie	*Carpinus Oſtrya.*
l'Orme ipréau	*Ulmus campeſtris* latifoliæ
l'Orme panaché	
le Micocoulier	*Celtis auſtralis.*
le Noiſetier	*Corylus Avellana.*
l'Avelinier.	
le Mûrier blanc	*Morus alba.*
le Mûrier roſe	

II. ARBUSTES

Propres à mettre en pallissades ou en massifs de bosquets bas.

LA Bacante	*Baccharis halimifolia.*
la Viorne	*Viburnum Lantana.*
la Viorne de Canada	*Viburnum prunifolium.*
la Viorne-lentaigne	*Viburnum Lentago.*
l'Obier-boule-de-neige	*Viburnum Opulus.*
le Chèvre-feuille	*Lonicera Periclymenum.*
le Chèvre-feuille d'Italie	*Lonicera Caprifolium.*
le Chèvre-feuille vert , dit semper , entr'autres le Corail.	*Lonicera ſempervirens.*
le Camérifier ou Chamæ-cerasus.	*Lonicera Xyloſteum.*
le Camérifier noir	*Lonicera nigra.*
le Camérifier de Sibérie	*Lonicera tatarica.*
le Camérifier des Pirenées	*Lonicera pyrenaica.*
le Camérifier des Alpes	*Lonicera alpigena.*
le Camérifier bleuet	*Lonicera cœrulea.*
le Jaſminode	*Lycium europeum.*
le Lilas de Perſe	*Syringa perſica.*
— a feuilles découpées	
le Troëne	*Liguſtrum vulgare.*
le Jaſmin	*Jaſminum officinale.*
le Jaſmin-trèfle	*Jaſminum fruticans.*

le Jasmin jaune — *Jasminum humile.*

la Bignone de Virginie, — *Bignonia radicans.*
dite grand Jasmin de Virginie.

le Négond, ou Agnus-cas-tus — *Vitex Agnus-castus.*

la Clématite violette — *Clematis Viticella.*
— à fleurs doubles

l'Epinevinier — *Berberis vulgaris.*

la Grenadille — *Passiflora incarnata.*

la Grenadille jaune — *Passiflora lutea.*

la Grenadille bleue, dite — *Passiflora cœrulea*
Fleur de la passion.

la Vigne-vierge — *Hedera* (seu vitis) *quinque-folia.*

la Soutenelle — *Atriplex Halimus.*

le Rédoul — *Coriaria myrtifolia.*

le Mézéréon ou Bois-gen-til — *Daphne Mezereum.*

la Timélée des Alpes odo-rante — *Daphne Cneorum.*

la Lauréole. — *Daphne Laureola.*

l'Arcousse — *Hippophae Rhamnoides.*

la Quetmie, dite Althæa — *Hibiscus syriacus.*
frutex : plusieurs variétés à fleur blanche, ou pourpre
& à feuilles panachées.

le Citise, Trifolium des jar-diniers — *Cytisus sessilifolius.*

le Citise velu — *Cytisus hirsutus.*

l'Emere, Securidaca des jar-diniers — *Coronilla Emerus.*

l'Amorfise ou faux Indigo — *Amorpha fruticosa*

l'Acacia rouge — *Robinia villosa.*

l'Apiot, dit Phaseoloïdes. — *Glycine Apios.*

le Seringat — *Philadelphus coronarius.*

le Rosier-canelle — *Rosa cinnamomea.*

l'Eglantier odorant — *Rosa Eglanteria*

le Rosier de Bourgogne

le Rosier de Meaux ou à pompons

l'Eglantier blanc — *Rosa alba.*

le Rosier jaune	*Rosa* lutea.
le Rosier cent-feuilles	*Rosa centifolia.*
le Rosier mille-feuilles	
le Rosier de provins	*Rosa* provincialis.
le Rosier sans épine	*Rosa* alpina.
le Rosier des mois : & des	*Rosa* bifera.

varietés les plus belles de toutes ces diverses Roses.

la Ronce à fleur double	*Rubus fruticosus* multiplex.
la Ronce sans épines	*Rubus fruticosus* alpinus.
le Framboisier de Virginie odorant	*Rubus occidentalis.*
l'Amandier nain	*Amygdalus nana.*
l'Aubépin double	*Cratægus Oxyacantha.*
la Spairelle ; Cytise des jardiniers	*Spiræa hypericifolia.*
la Spairelle à grappes	*Spiræa salicifolia.*
la Spairelle crenelée	*Spiræa crenata.*
le Sumac	*Rhus Coriaria.*
le Sumac-vinaigrier.	*Rhus glabrum.*
le Sumac velu	*Rhus typhinum.*
le Sumac-vernis	*Rhus Vernix.*
le Sumac-poison	*Rhus Toxicodendron.*
le Fustet	*Rhus Cotinus.*

III. ARBRES TOUJOURS VERTS.

Le Lauritin, dit Laurier-tin	*Viburnum Tinus.*
la Buplèvre	*Buplevrum fruticosum.*
le Filaria	*Phillyrea media.*
le Filaria dentelé	*Phillyrea latifolia.*
le petit Filaria	*Phillyrea angustifolia.*
la Pervenche , blanche ,	*Vinca minor.*

violette , double , panachée en blanc & en jaune.

le Laurier	*Laurus nobilis.*
le Tamarisc	*Tamarix gallica.*

le Lierre , tant le commun   *Hedera Helix.*
   que les pannachés & ceux en arbre.
le Genêt d'Espagne   *Spartium junceum.*
l'Alaterne commun & les   *Rhamnus Alaternus.*
   panachés en or & en argent des plus beaux.
le Houx ordinaire & les   *Ilex Aquifolium.*
   plus curieuses variétés panachées & bordées de blanc
   ou de jaune & les Houx-hérissons.
le Buis de bois ou grand   *Buxus semper virens ar-*
   Buis   *borescens.*
le Buis nain
— panaché de blanc ou de
   jaune
le Buis d'Artois pour les   *Buxus sempervirens suffru-*
   bordures   *ticosa.*
le Genévrier de Virginie   *Juniperus virginiana.*
le Genévrier de Bermude   *Juniperus bermudiana.*
le Genévrier-cèdre   *Juniperus Lycia.*
le grand Genévrier   *Juniperus phœnicea.*
la Sabine de diverses va-   *Juniperus Sabina.*
   rietés.
le Ciprès   *Cupressus sempervirens.*
le Ciprès-faisceau , dit fe-
   melle
le Tuyer, ou arbre de vie   *Thuya occidentalis.*
   de Théophraste
le Tuyer de la Chine   *Thuya orientalis.*
le Pin   *Pinus silvestris.*
le Pin-pignon   *Pinus Pinœa.*
le Pin à trochet   *Pinus Tœda.*
l'Alviez   *Pinus Cembra.*
le Mélèze   *Pinus Larix.*
le Sapin   *Pinus Picea.*
le Sapin-baumier   *Pinus balsamea.*
la Pesse , dite Epicia   *Pinus Abies.*

IV. ARBRES ET ARBUSTES D'ORANGERIE.

La Morelle - cerifette , ou l'Amomum	*Solanum Pfeudoapficum.*
le Jafmin d'Efpagne	*Jafminum grandiflorum.*
le Rofage , ou Laurier-rofe	*Nerium Oleander.*
— blanc	
l'Héliotrope du Pérou	*Heliotropium peruvianum.*
le Tarafpi d'hiver	*Iberis femperflorens.*
le Citronier	*Citrus Medica.*
le Limonier ,	*Citrus Medica Limon.*
l'Oranger - pampel , dit Pompoleum , Pampelmous des Indes.	*Citrus decumana.*
le Bigaradier	*Citrus Aurantium.*
l'Oranger de la Chine	
l'Oranger de Malthe, & plusieurs belles variétés de ces diverses races.	
le Margoufier ou Azéda-rac, Lilas des Indes & faux Sicomore.	*Melia Azedarach.*
le Mirte	*Myrtus communis.*
le petit Mirte ou Romain, & tous les deux à fleurs doubles.	
le Grenadier à fleur double	*Punica Granatum.*

Et en général tous les Arbriffeaux & même des diverfes Plantes de pleine terre, d'Orangerie ou des Serres chaudes les plus rares que le *Sieur Andrieux* fournira toujours fidèlement lorfqu'ils feront connus en France , fuivant les demandes qui lui en feront faites, foit par les noms latins de M. von Linné ou d'autres auteurs, foit par les noms françois d'ufage, ou par des defcriptions exactes.

OBSERVATIONS

OBSERVATIONS

Sur le tems propre à semer la plupart des Graines mentionnées ci-dessus.

Dès que le solstice d'été est passé, on commence à songer à la récolte de l'année suivante. On sème à la fin de Juin les Choux frisés-pointus, pour les avoir de primeur au Printems.

Semences
de la S. Jean.

On sème en Juillet des Carottes & Panais pour passer l'hiver ; dans les terres fortes, de l'Oignon blanc pour replanter en Octobre ; dans les terres légères, on ne le sémera qu'en Août.

JUILLET.

Au vingt de ce mois semer un peu de Choux-fleurs pour passer l'hiver. On peut semer aussi du Cheruis, de la Scorsonnaire, &c.

Semer à l'abri diverses fleurs pour les repiquer au printems & fleurir au commencement de l'Eté suivant ; savoir :

La Nigelle, le Tarafpi d'été, l'Adonis ou Adonide, le Sain-foin d'Espagne, la Delphinette ou Pied-d'allouette vivace, la Pyramidale, l'Oeillet de poëte, la Digitale dès qu'elle est recueillie, les Passes-roses, &c.

Semer dans des caisses de terre légère, les graines de Tulipe pour les mettre à l'abri l'hiver ; de la graine d'Anémone qu'on mêle avec du sable sec ; lui donner une terre bien préparée, & la couvrir de l'épaisseur d'un demi-pouce au plus de terreau bien passé, l'arroser peu & souvent. Semer, aussi-tôt récoltée, la graine de Ciclame dans des pots ou caisses.

Planter les oignons de Lis, de Martagons, de Couronnes impériales, de Narcisses, de Belladone & autres plantes bulbeuses, qu'on ne doit pas garder hors de terre.

C

AOUST. On sème au mois d'Août de la Poirée qui se trouve très-hâtive au Printems, mais elle est délicate à la gelée ; de l'Oseille, du Persil, du Cerfeuil.

On élève du plant de diverses Laitues à planter sur couche en hiver, & en terre à bonne exposition ; savoir, Laitues Cocasse, d'Italie, Coquille, Crêpe & Romaine d'hiver.

On sème la graine de Raiponce mêlée avec de la terre ou du sable bien fin, dans une terre bien préparée, où l'on sèmera en même tems des Radis, pour que l'ombre que leurs feuilles donneront à la Raiponce l'empêche de brûler, si le soleil étoit ardent.

Semer des Choux, pommé-hâtif, frisé-hâtif, de Bonneuil, d'Alsace & de Milan, pour planter après l'hiver & cueillir en Mai & Juin ; du Chou-fleur dur pour deuxieme fois que l'on conserve dans la serre en baquet ou en pepinière en bon abri, & des Brocolis, à replanter en place au Printems.

On sème encore des Navets pour ensabler en novembre dans la Serre, ou les couvrir dehors.

Dans les terres légères semer l'Oignon blanc hâtif & de la Ciboule.

Semer de la graine des diverses Fraises, à cinq à six pieds d'un mur du nord ou du couchant sur un bon labour, terre fraîche bien dressée, couverte de deux lignes de sable & terreau tamisés ; ne couvrir la graine que très-peu de ce même mélange, la sarcler soigneusement, & l'attendre un mois, quelquefois plus.

Semer les graines d'Anémones, comme on le voit indiqué dans le mois précédent, de la graine de Renoncule qu'il faut couvrir très-légérement de terre ou terreau bien passé.

Planter les Anémones & les Jonquilles simples, la Renoncule-pivoine pour fleurir l'hiver.

Planter aussi les Jacintes communes, blanc de montagne, de Vitry, Passe-tout, &c.

Semer la graine de Jacinte.

On peut encore femer en Septembre prefque tout Septembre ce qui a été indiqué pour les deux mois précédens, & en outre des Radis noirs pour tout l'hiver, des Panais & Carottes pour avril, mai & juin.

Planter les Fraifiers, fi on veut en jouir l'année fuivante; voyez plus bas en novembre.

Semer les petits Pois & Haricots de Hollande à bouquets, pour les mettre fur les couches chaudes fous chaffis quand le tems devient rude.

Semer diverfes fleurs pour fleurir en place dans l'Eté fuivant, comme les Pavots, les Coquelicots, les Pieds-d'allouette ou Delphinettes, les Tarafpis de diverfes couleurs, &c.

Semer de la Quarantaine pour repiquer de bonne heure, même de la grande Giroflée, en terre fèche, mêlée de décombres de chaux, fuivant Bradley.

On peut femer encore des Anémones, Renoncules, & autres graines de plantes bulbeufes ou à tubercules; on fait qu'elles demandent de grands foins en hiver contre les pluies, la neige & le givre.

Planter des Renoncules, des Anémones, des Narciffes de Conftantinople & autres de toutes efpèces, même des Jacintes, des Jonquilles & des Tulipes à la fin du mois.

Dans certaines terres tardives, ces premières plantations plus hâtives ont en hiver plus de befoin d'être garanties des intempéries.

Mettre les Oignons en caraffes pour fleurir l'hiver, comme Narciffes doubles de Conftantinople, Narciffe blanc, Soleil d'or de Hollande & les Jacintes de toutes efpèces, même des Jonquilles.

Dans le mois d'Octobre on fème encore en diverfes Octobre. fois la Mâche & l'Epinar pour le Carême; le Cerfeuil pour le Printems.

On fait la feconde femence de divers plants qui portent le nom de la Saint-Remi, comme Laitue-Crêpe, de la Paffion, Coquille, Gotte & Romaine hâtive pour replanter; Choux pommés, frifés-hâtifs,

C ij

OCTOBRE. & Choux-fleurs durs à repiquer à l'abri sous cloche & couverts de litière. Commencer à semer des Pois-michauds au pied des murs à bonne exposition.

Les curieux de nouveautés qui veulent, à force de dépense, manger des Concombres en Avril, commencent à les semer en pleine terre pour les transplanter en pots, afin de les mettre d'abord à couvert des nuits fraîches, puis sur les couches chaudes sous chassis, quand il sera besoin.

Ils sèment aussi des Pois nains & des Haricots dans des paniers que l'on expose au midi, que l'on destine à être mis en serre les nuits, puis sur les couches chaudes à l'arrivée des tems rudes.

Planter des œilletons d'Artichauds pour le Printems, les arroser peu.

Dans ce mois on commence à planter toutes les espèces d'arbres fruitiers & autres, & on continue au Printems dans les tems favorables.

Il faut aussi semer la Sérante ou Immortelle & autres fleurs annuelles qui résistent au froid.

Planter les Jacintes de toutes espèces, Narcisses, Jonquilles, Tulipes, Anémones, Renoncules, &c.

NOVEMBRE. ON fait à la Toussaint, sur les nouvelles couches, les premières semences de Laitue & de Radis, de Cresson, &c.

On sème dans les terres fortes des Pois-michauds aux costieres bien terreautés de gadoue & de fiente de Pigeons.

On sème le fruit de l'Amandier, les noyaux de Prunes, de Pêches au pied des Espaliers pour greffer en place ; on ensable les Noyaux qu'on veut planter au Printems dans les pépinières, & l'on enterre diverses graines d'arbres à trois pieds en terre, où, à l'abri de la gelée, elles se façonnent & se disposent à mieux germer, comme celles d'Aubépin, de Sicomore, de Frêne, &c. &c.

On plante la plupart des arbres fruitiers, sur-tout ceux de nature hâtive, & nécessairement dans les terres légères & chaudes.

On plante les Oignons de Tulipes, d'Ornitogales, NOVEMBRE.
de Narciffes de Conftantinople, les Semi - doubles,
Anémones, Jacintes & autres, s'il en refte ; & ces oignons plus tardifs réfiftent mieux aux froids.

On peut planter tous les arbriffeaux qui perdent
leur verdure, & qui ne font point fujets à la gelée.

On peut au commencement de ce mois planter
dans des pots des Jacintes, des Narciffes, des Jonquilles, des Tulipes, des Prime-veres, &c., & les
mettre fur des couches chaudes pour fleurir dans l'hiver.

On fème fur les couches de Décembre des Radis DÉCEMBRE.
& Raves, des Salades, du Creffon & Moutarde pour
fourniture ; des Concombres ; mais il faut bien de
la furveillance pour faire réuffir cette culture dans
un tems où l'on ne peut donner aux plantes l'air
fi néceffaire à leur végétation, fans introduire un
froid humide, qui contrarie beaucoup la température artificielle des fumiers chauds.

On fait qu'alors les couches doivent être fort
étroites, afin que la chaleur des réchauds dont on
les entoure, puiffe pénétrer jufqu'à leur centre.

On peut planter des Renoncules, Anémones, Tulipes & tous les autres oignons qu'on n'a pas été à
portée de planter auparavant.

Le Soleil monte au mois de Janvier, & commence JANVIER.
en quelque forte, avec la nouvelle année, un nouvel
ordre de végétation ; les boutons des arbres fe gon-
flent, quelques-uns s'entr'ouvrent ; tels font ceux des
chatons du Peuplier - tremble, du Noifetier & autres.

Toutes les femailles des mois précédens, dont
l'approche de l'hiver ralentiffoit la venue, annoncent,
dès qu'il eft arrivé, le prochain renouvellement de
la Nature. Auffi devient-il plus aifé de faire de nouvelles femailles de primeur en ufant des mêmes
fecours qu'en Décembre, c'eft-à-dire, des couches

 chaudes, des chaffis vîtrés & des couvertures de litière.

On fème donc la Laitue à couper, dite petite Laitue, la Chicorée fauvage & les Fournitures, le Na-
fitor, le Pourpier vert, la Pimprenelle, la Corne de
cerf, le petit Céleri, les Radis & petites Raves de
primeur, de la Carotte jaune-courte, fi l'on veut :
on élève du plant des Laitues, Crêpe, Gotte, de
Verfailles; des Romaines; de Chicorée, de Céleri,
de Cardons pour repiquer fur couche; des Choux
Pommé-hâtif, Frifé-hâtif, de Bonneuil, d'Alface,
de Chou-fleur d'angleterre, de Chou-fleur tendre,
de Brocolis blanc & violet. Enfin les Melons & Concombres de primeur qu'il faut replanter tous les
quinze jours, pendant deux mois, fur de nouvelles
couches.

Semer, avec les foins recommandés, des Pois
hâtifs & Haricots en bonne expofition. Si le tems
eft favorable, on plante des pattes d'Anémones &
des griffes de Renoncules, même divers Oignons, s'il
en refte.

 Si la terre n'eft ni gelée, ni couverte de neige,
on continue à femer fur couche les petites Salades &
leurs fournitures, les Radis, mêlés, fi l'on veut, de
Carottes, de Navets & de Panais. Dans les terreins
chauds, on fème les Oignons de primeur, le Poireau,
la Ciboule, des Pois, des Fèves de marais; femer du
Perfil; rifquer la Scorfonnaire, les Cheruis, pour les
replanter lorfqu'ils ont deux pouces de longueur; ils
en viendront beaucoup plus beaux.

Semer fur couche fort drus des Pois-michauds,
pour replanter fur une autre couche, en Mars; des
Haricots & Pois fur couche en mannequin, pour les
remettre en terre & fuccéder aux autres. Semer fur
les couches, dont la chaleur fe paffe, du Chou-fleur,
Brocolis, Chou pommé, Chou de milan, Chou d'angleterre à pain de fucre, pour les avancer & replanter au mois de Mars en place.

On élève aussi sur couche du plant de Chicorée & de Scarole pour l'Eté, des Laitues Gotte, Brune, Mousserone, Crêpe, sur-tout des Laitues Hollandoise & de Versailles, qu'on repique en place en pleine terre ; élever aussi du plant de Romaine.

Planter en terrein leger de l'Echalotte, de l'Ail & de la Rocambole.

Commencer à planter des Morelles-truffes, dites aussi Pommes de terre & Patates, & des Topinambours.

Semer sur couche sous chassis des Melons & Cantaloux qu'il faudra replanter deux fois sous cloche ou chassis.

Sur la fin du mois semer des Melons maraîchés & autres tardifs que l'on ne replantera qu'une seule fois, & des Concombres.

Semer de la graine d'Asperges en pleine terre.

Semer toutes sortes de graines d'Arbres, comme les Glands, les Châtaignes, les graines d'Orme, de Troêne, de Sicomore, de Tilleul de Hollande, de Pin, de Pin de Hollande, de Sapin, de Sapin de Piémont, d'Aubépine, &c. Les baies de Laurier, de Houx, d'If, & diverses graines d'Arbustes à fleurs ; les faire germer dans le sable pour la plûpart, si on ne les a pas mises en terre pendant l'hiver.

Planter toutes les espèces d'Arbres à fruits, d'Arbres de forêt, & toutes les espèces d'Arbustes qui s'accommodent de notre climat.

Continuer de planter des Anémones & Renoncules.

Semer des graines d'Auricules, dans des caisses de terre légère, mêlée de bois ou de feuilles pourries ; les mettre à l'ombre, & arroser peu & souvent; des graines de Prime-vères, fort épais, dans une costière au Nord.

Semer les Fraises, si on ne l'a pas fait en Août. Semer sur couche des Basilics & plusieurs fleurs d'Eté, Tricolor, Ambrette, Amarante, Roses-trémieres, Delphinette ou Pied-d'allouette, Campanule, Œillet de poëte, Giroflée, Quarantaine, Taraspi, &c.

Février.   Semer les Pepins d'Orange & de Citron. Faire des boutures de toutes nos espèces d'arbustes.

Mars.   Les Semences de Février se répétent en Mars sur de nouvelles couches, soit pour l'usage, soit pour remplacer le plant qui auroit manqué, ou pour y succéder.

Ce mois est celui où l'on sème le plus de Verdures, de Racines & autres Légumes en pleine terre : L'Arroche, la Poirée, l'Oseille, la Carotte, le Panais, le Navet printannier, les différens Oignons, les Raves & Radis, quelques Scorsonnaires & Salsifis ; enfin Epinar, Cerfeuil, Cresson, Coronope ou Corne-de-cerf, Capucines, Pourpier, &c.

Elever différentes Laitues & Romaines, du Choufleur tendre, du Cardon.

Planter des Pois, des Fêves de marais grosses & petites, & risquer quelques Haricots.

Semer des Asperges en pleine terre, & planter les racines qui se vendent au cent.

On élève sur couche le Chilé ou Poivre long, la Nigelle épicée, la Mélongene, la Moldavique qu'on destine à être placées sur couches ou sur des ados de terreau ; on y sème aussi les Pervenches-roses, la Sensitive, la Glaciale, le Camara, pour les élever en pots, de même que les Tubereuses doubles & simples qu'on y plante en pots.

Les fleurs d'Automne se sèment au pied d'un mur au midi dans du terreau, la Balsamine, les Reines-marguerites, le Soucis, les Amarantoïdes, les Passe-velours, les Tagettes dites Roses & Œillets d'Inde, les Merveilles ou Belles de nuit, l'Œillet de la Chine, le Liseron des Indes & la Belle de jour.

Séparer & replanter les Pâquerettes, les Hépatiques, les Juliennes doubles, Œillets d'Espagne, Licnide ou Croix de jérusalem, Boutons-d'or, Campanules doubles, &c.

Replanter le Baume, le Thim, la Lavande, le Romarin, l'Hisope, &c.

On fait en ce mois les femailles de Soucrion, du MARS.
Froment de Smirne & des Prairies artificielles, ainfi
que de tout ce qu'on nomme les Mars.

Achever les plantations d'Arbres & d'Arbuftes, fi
elles ne le font pas.

On fait les plantations de la plupart des Fraifiers
pour produire dans les deux années fuivantes feule-
ment, & non dans la même année.

ON fème la Scorfonnaire, le Salfifi & les Bette- En AVRIL.
raves ; ces racines tendres à la gelée, femées pré-
cédemment, pourroient être péries.

On fème de la Poirée blonde à replanter pour
manger en cardes ; on fème les Cardons d'Efpagne
& de. Tours, la Chicorée fauvage pour blanchir
l'hiver.

On fème les Pois goulus, nains & à rame, le
Pois quarré-vert pour faire fécher & d'autres efpèces ;
des Fèves de marais. On commence les femailles de
Haricots. Il eft bon de femer une partie de fes Girau-
mons, Potirons, Pépons, Paftiffons, Cougourdettes, &c.

On fème des Epinars à l'ombre, des Laitues pour
pommer, comme Verfailles, Mouferonne, Italie,
Royale, Batavia, &c. des Romaines. Semer fur terre
en bonne expofition du Pourpier doré, du Céleri,
de l'Ofeille, foit en planche, foit par rayons, des
Raves, des Radis, blancs, rouges & des petits Radis
gris ; du Creffon, de la Chicorée fauvage, du Perfil,
&c. On continue de femer les Choux-fleurs & fur-tout
le dur.

On peut femer encore de l'Oignon, de la Ciboule,
du Poireau ; enfin tous les légumes qui auroient
manqué, ou qu'on n'auroit point femés dans le mois
précédent.

Planter des Afperges & regarnir celles qui paroif-
fent avoir manqué ; planter les Artichauts.

On continue de fèmer encore toutes les efpèces de
graines de Fleurs annuelles ; mais on élève fur-tout
diverfes efpèces qu'on ne pouvoit encore femer en

(42)

AVRIL. Mars, au moins sans chassis, le Réséda, les deux Tagettes de différentes nuances, les Merveilles, le Séne-
çon d'Afrique, les Scabieuses, les Ancolies, &c. On
sème aussi des Passes-roses.

On plante encore des Tubéreuses doubles & simples, l'Œillet d'espagne, l'Œillet de poëte, la Julienne double, la Croix de jérusalem, les Renoncu-
les-bassin ou Boutons d'or, la Barbarée, &c.

On sème le Maïs, le Panis, & l'on continue à
semer des Mars, si on se trouve retardé.

MAI. ON peut encore semer au mois de Mai des Bette-
raves, de la Scorsonnaire, des Concombres en pleine
terre, sur-tout le Cornichon ; du Chou-fleur dur &
de celui d'Angleterre, des Cardons de Tours & d'Espagne ; des Laitues pour pommer & des Romaines ;
quelques Raves & Radis, de la Chicorée & Scarole,
du Pourpier en pleine-terre, des Haricots de toutes
espèces & des Pois sans pareils, Anglois, de Marli,
de Clamart, quarrés blancs & au cul noir, &c.

On sème le Chanvre de Piémont, ainsi que le
Commun, & le Sorgo.

On finit d'œilletonner & planter les Artichauts.

On peut semer encore quelques graines de Fleurs
d'Automne, Quarantaine, Nigelle, Taraspi, Dou-
cette ou Miroir de Vénus, Delphinette, &c. C'est
le meilleur tems pour semer celle d'Œillet. On sème
des Giroflées pour le Printems suivant.

JUIN. L'ETÉ est le tems de la récolte ; il n'est plus guère
question de semer ni de planter ; on sème cependant
encore en Juin, dans les parties à mi-ombre, des Epinars & des Fournitures ; mais ces semences hebdomadaires n'ont qu'une coupe.

On sème la grosse Rave, le Radis long, le petit
Radis noir & le gros, de la graine de Raiponce,
comme en Août, en l'arrosant souvent ; on sème
des Laitues pour pommer & des Chicorées, des Ha-
ricots-suisses & des Pois-michauds & au Cul-noir pour
les derniers.

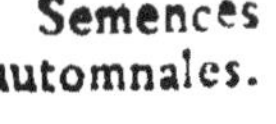

'APRÈS Juin jufqu'à l'hiver, outre les femences qu'on a vu plus haut qu'il falloit faire en avances pour l'année fuivante, on en fait encore d'autres, dont on eſt payé ſur le champ ; telles ſont les femences hebdomadaires, c'eſt-à-dire, les Fournitures de Salade & l'Epinar, les Radis, les Raves, les Navets & Radis gris ; on élève encore du plant de Laitues & de Chicorée, & même diverfes graines légumineuſes, comme Haricots, fur-tout les Suiſſes, Pois-michauds, Marli, Quarré blanc, Cul noir, &c. Car, quoiqu'on ait obfervé que rien de ce qu'on fème après le Solſtice d'Eté n'amène les graines à maturité, comme on fe contente ici de ces graines vertes, on peut en faire la récolte.

Enfin ceux qui ne craignent aucunes dépenfes pour fe procurer des raretés, fèment au commencement de Juillet des Concombres, dont ils recueillent les fruits, à force de fumier, en Décembre & Janvier.

On obfervera que pour la dernière femence de Pois à faire en Août, on choifit le plus hâtif qui eſt le Michaud ; en effet, il n'y a pas de tems à perdre, & les graines les plus hâtives réuſſiſſent toujours plus difficilement fur le déclin de la campagne, qu'elles n'auroient fait au commencement, lorfque chaque jour amène du changement en mieux ; au lieu que dans l'Automne on ne peut s'attendre que d'aller de pis en pis.

INSTRUCTION

Sur la manière de femer la plupart des Foura-
ges & quelques Plantes de grande culture.

LE THIMOTY.

LE Thimoty des Anglois qui eft notre grande Maf-
fette, aime les terreins humides, & réuffit fort bien
dans un fol marécageux ; s'il étoit au point de ne pouvoir le labourer avec la charrue, on choifira le tems
le plus fec pour préparer la terre avec la bêche, &
on en profitera pour enfemencer, fans avoir égard à
la faifon.

Si l'on fème dans une terre moins humide, on la
prépare comme pour y mettre de l'avoine. Cette
graine eft extrêmement menue ; il faut avoir l'attention de la mêler avec de la terre préparée ou du fable,
afin de la répandre également, ce que l'on ne feroit
point fûr de faire fans cette précaution. Il faut faire
herfer le champ, afin de le rendre uni, & de couvrir
la femence.

On coupe le Thimoty auffi-tôt qu'il commence à
former fon épi, afin que le fourage ne foit point
trop dur ; on fait deux récoltes par an, dont on tire
tant de foin qu'on en eft furpris. Ce fourage convient
à tous les beftiaux, les chevaux le mangent avec
grand appétit ; on peut les faire pâturer dans le pré,
après la feconde récolte, car alors les fortes racines de
cette plante feront fi bien liées, que l'on ne craindra
pas qu'ils y enfoncent quand même le terrein n'auroit
pû les porter auparavant. Il faut quatre livres de cette
graine à l'arpent ; on la fème depuis Mars jufqu'à la
fin de Septembre, & la prairie dure au moins douze
ans.

Le Fromental.

La culture du Fromental , ou Ray-grass de Dom Miroudot, eſt la même que celle du Ray-grass d'Angleterre dont il eſt parlé ci-après ; il ſe ſème dans le même tems , mais n'a pas le même uſage ; cette prairie artificielle fournit un foin très-abondant & très-nourriſſant. D'ailleurs elle réuſſit où le Sain-foin même ne ſubſiſteroit pas. On ſème ordinairement le Fromental mêlé avec de l'Avoine ou du Trèfle noir , parce que ſemé ſeul, il eſt trop foible & peu garni dans la première année. Il faut environ quatre-vingts livres de cette graine pour un arpent.

Le vrai Ray-grass.

Le Ray-grass a toutes ſortes d'avantages qui doivent nous engager à le cultiver ; tout ſol lui convient ; il réuſſit dans un terrein froid, humide, argilleux, ou dans un ſol ſec, aride, pierreux ou ſablonneux ; de toutes les plantes, c'eſt celle qui réſiſte le mieux aux gelées : il paroît être de ſon eſſence de braver la nature des climats & des ſols, & de produire toujours d'abondantes récoltes. C'eſt en outre une des meilleures nourritures que l'on puiſſe donner aux beſtiaux & ſur-tout aux moutons, ſoit qu'on leur donne en vert ou en ſec à l'étable, ſoit qu'on les faſſe pâturer ſur le pré ; ce qui ne peut être qu'avantageux à cette plante, qui talle conſidérablement lorſqu'elle eſt tenue baſſe par le bétail qui la broute, & repouſſe, auſſi-tôt qu'elle eſt coupée, des chalumeaux tendres & de jeunes feuilles très-délicates. Son foin eſt non-ſeulement très-ſain , mais encore délicieux pour les chevaux, qui le mangent avec un appétit ſingulier, lorſqu'on a eu ſoin de le faucher auſſi-tôt que ſon épi eſt formé, parce qu'alors il eſt très-tendre & plein de ſuc. Il donne du feu au cheval, & corrige par ſa ſéchereſſe naturelle d'autres fourages dont l'excès peut occasionner des maladies putrides dans le gros & le menu bètail.

On sème le Rai-grass de Printems & d'Automne, seul ou avec d'autres herbes ; mêlé avec le Trèfle, il le fait subsister plus long-tems, & forme un excellent fourage. On choisit pour cette opération un tems calme, la graine étant légère : il faut unir le terrein, autant qu'il est possible, par la herse & le rouleau, ce qui doit se pratiquer pour toutes les prairies, non-seulement dans la vue de les rendre plus faciles à faucher, mais parce que la terre se trouvant resserrée & affermie, elle se dessèche moins promptement.

Un grand avantage que l'on trouve encore dans le Ray-grass, c'est qu'il étouffe les mauvaises herbes, & reste seul où on l'a semé. Cette Graminée, connue de nos Fermiers sous le nom de Pain-vin, est d'une ressource infinie, & il est d'une grande économie d'en avoir toujours un pré, puisqu'on peut le faucher dès le mois d'Avril pour donner en vert aux bestiaux, même dès la première année, & semée en Septembre précédent ; elle devient par là d'une grande ressource dans les années où les autres fourages manquent. Il faut environ quarante-cinq livres de graine pour ensemencer un arpent.

LE BIRDS-GRASS.

La Poherbe d'Amérique, nommée Birds-grass, ou Graine d'oiseaux d'Angleterre, exige une bonne terre bien préparée ; quoiqu'elle paroisse moins bien réussir d'abord dans les terreins humides, elle y fait des progrès étonnans quand elle a acquis assez de force pour supporter cette humidité. Il faut la semer seule à cause de sa délicatesse à la sortie de la terre ; il se trouve toujours trop d'autres plantes qu'on doit avoir soin d'ôter : il y a de l'avantage à labourer la terre, à la herser, & à y faire passer le rouleau quelque tems avant que de l'ensemencer, pour faciliter la sortie des mauvaises herbes, que l'on détruira, soit avec la herse, soit en farclant lorsqu'elles seront levées ; & alors, sans autre labour, on pourra semer ; observant de n'enterrer que très-peu la graine, & de choisir un tems calme, afin de pouvoir la répandre également. Il en faut quatre livres pour un arpent.

On peut en semer depuis le mois de Mars jusqu'à la fin de Septembre ; suivant les observations faites par plusieurs cultivateurs, les mois d'Août & Septembre sont préférables, parce que les mauvaises herbes croissent beaucoup moins en cette saison qu'au Printems.

On ne peut trop vanter cette plante ; son foin est très-appétissant pour les chevaux, fort sain, d'un bon odorat & convenable à tous les bestiaux ; elle en produit beaucoup ; & s'il venoit des tems pluvieux quand on veut la couper, il ne pourroit arriver aucun dommage par un retard d'un mois, attendu qu'elle repousse abondamment de toutes ses jointures, & se tient toujours verte, fraîche, ne pourrit point & ne sèche point sur pied comme d'autres fourages.

LA GRANDE PIMPRENELLE.

La grande Pimprenelle est regardée comme un des meilleurs fourages, tant par son grand rapport que par sa qualité ; elle est nourrissante & rafraîchissante ; elle engraisse même tous les bestiaux ; on peut leur en laisser manger tant qu'ils veulent, soit en vert, soit en sec ; elle ne leur causera sûrement aucune maladie ; les Anglais prétendent qu'elle rend le lait de vache très-délicat ; les moutons & les agneaux s'en trouvent aussi très-bien.

Cette plante est vivace ; une fois semée, elle dure au moins vingt ans ; on la voit, pour ainsi dire, repousser aussi-tôt qu'elle est coupée, & on peut envoyer le bétail y pâturer, la dent de l'animal ne nuisant point à cette plante.

La grande Pimprenelle croît dans les terres légères & sablonneuses, pierreuses, calcaires ; &c. en un

mot, elle vient dans les plus mauvais terreins, &
n'a befoin d'aucun engrais. On peut la femer de
Printems & d'Automne ; des perfonnes préfèrent cette
dernière faifon, parce qu'elles récoltent la graine au
mois de Juillet fuivant; au lieu qu'en la femant au
printems, on n'en récolte la graine que quinze ou
feize mois aprés.

On a employé deux méthodes pour femer la grande
Pimprenelle ; les uns l'ont femée par fillons de la profondeur de deux pouces ou deux pouces & demi environ ; le premier de ces fillons étant fait, on fème
la graine que la charrue recouvre, en formant le
fecond, dans lequel on continue de femer la graine,
qui fe trouve recouverte par le troifième, ainfi de
fuite.

Le champ femé, il eft befoin de le faire herfer
pour couvrir les grains qui ne l'ont point été par le
rayon, & afin de rendre le terrein plus uni.

Les autres l'ont femée comme l'avoine & herfée
de même : cette dernière méthode eft la plus facile ;
&, quoique plufieurs annoncent des avantages de la
première, cette plante a bien réuffi par l'une & par
l'autre.

Il eft bon, quand on veut femer, d'attendre
qu'il foit tombé un peu de pluie, à moins que la terre
n'ait été rafraîchie auparavant, ou qu'elle ne foit
naturellement humide. On ne doit pas la faire pâturer la première année, fur-tout fi l'on veut après
la coupe, faire l'opération fuivante. Elle confifte à
obferver fi la graine a pouffé plufieurs brins enfem-
ble ; fi cela eft, on les arrache, & on les replante
feul à feul dans un terrein labouré, ayant attention
d'en remettre un à la place d'où l'on a tiré les autres,
& de regarnir, s'il y avoit du vide.

Quoique cette opération paroiffe longue, on peut
la pratiquer ; une fois faite, c'eft pour vingt ans,
& on s'en trouvera bien dédommagé lorfqu'on verra
combien ces plantes profitent ifolées.

La Pimprenelle doit être coupée quatre à cinq fois

par

par an ; on ne sauroit cependant rien prescrire de certain sur une chose qui dépend des saisons ; on peut la faucher à la hauteur de sept pouces, parce que plus elle sera coupée, & plus on aura de produit ; cette plante se trouve quelquefois avoir repoussé de plus de six pouces un mois après la coupe.

Les récoltes faites, on peut, au bout d'environ trois semaines, faire pâturer tant qu'on voudra, même en hiver, en observant de ne laisser entrer le bétail dans le champ que quand la rosée est passée ; &, lorsqu'on veut avoir la récolte suivante en graine, il faut absolument faire cesser de pâturer au mois de Mars. Il faut douze livres de graine pour ensemencer un arpent.

LA MORELLE-TRUFFE.

Nous avons placé cette plante parmi les racines potagères, parmi les fourages & dans l'ordre des grandes cultures : c'est qu'en effet on peut la regarder sous ces trois points de vue. Tous les jardiniers savent l'élever comme plante potagère ; mais nous croyons faire plaisir d'indiquer ici la manière de la cultiver à la charrue pour la nourriture des bestiaux, ou même pour celle des hommes, comme elle y sert en diverses contrées, en Angleterre sous le nom de Patatte, dans le Lyonnois sous celui de Truffe, en d'autres provinces sous celui de Pomme de terre, & en Allemagne de Crampir, à l'exemple des anciens Péruviens qui la nommoient Papé ou Papas. Nous devons regarder cette production comme une ressource d'autant plus grande, que peu de terrein peut fournir à la subsistance d'une famille nombreuse. Les racines tubéreuses de cette plante qui est sa partie la plus utile, est aussi celle qui sert à la propager. Cette multiplication est immense comme l'ont fait voir plusieurs cultivateurs vraiment patriotiques. Ce sont les petits tubercules qu'on met en terre ; quand on n'en a que de gros, on peut les couper par morceaux, de manière qu'il reste un ou deux yeux à chaque

D

morceau. Une perfonne qui fuit le laboureur en à un panier rempli, & les place dans le premier rayon une à une à deux pieds environ de diſtance : celles-ci ſe trouvent recouvertes par le ſecond rayon dans lequel on ne placera point de ces truffes pour laiſſer la diſtance néceſſaire & proportionnée. On en mettra dans le troiſième rayon, & on obſervera le même ordre dans toute la plantation. Une fois en terre, la Morelle-truffe ne demande d'autre ſoin que celui de butter les plantes en Juin ou au commencement de Juillet. Cette opération, qui conſiſte à ramaſſer la terre qui environne le pied autour de la tige juſqu'a la hauteur des premières feuilles, leur ſera très-avantageuſe ; non-ſeulement elle ſoutient les tiges, mais encore elle les empêche de s'élancer, & favoriſe par-la l'accroiſſement des tubercules. Les tiges & les feuilles ſont très-bonnes pour les beſtiaux, les chevaux les mangent bien auſſi lorſqu'ils y ſont accoutumés ; on peut les couper au commencement de Septembre, c'eſt-à-dire, lorſqu'on croit que les racines ont pris leur accroiſſement, & les leur donner en vert ou en ſec. On fait la récolte de ces pommes ou racines au mois d'Octobre ou de Novembre, mais ſur-tout avant les gelées. Ces fruits ſe mangent dans le courant de l'hiver, & ſe donnent aux beſtiaux, ſoit cuits, ſoit crus ; on les garantit de la gelée en les plaçant en cave & en ſerre ; & ſi l'on veut en conſerver de bonnes toute l'année, ſoit pour faire du pain, ſoit pour manger en ragoût ou dans le potage, il faut au printems, quand les germes commencent a pouſſer, les étendre dans un grenier, où l'air en ayant abſorbé toute l'humidité, le fruit ſe conſervera ſans devenir filandreux, & ne contractera aucun mauvais goût.

La plantation des racines de la Morelle-truffe peut ſe faire depuis la fin de Février juſqu'a la fin d'Avril.

On peut les planter a la houe comme à la charrue, en les mettant a même diſtance & à ſix pouces environ de profondeur.

LA GUEDE.

On élève beaucoup de cette plante en différentes provinces sous les noms de Vouëde & de Pastel pour l'usage des teintures ; quelques personnes l'emploient aussi pour la nourriture des bestiaux, & principalement pour les moutons. Ses feuilles leur fournissent en hiver un pâturage abondant. On doit la semer comme la Rabioule pendant les années de repos, dans les terres à blé qu'elle n'épuise pas. On la sème en Avril ; elle porte sa graine l'année suivante.

LA RABIOULE.

La Rabioule du Limousin n'est autre chose que ce que les Anglois écrivent Turnep, & qu'ils prononcent Turnip. La culture en est d'autant plus intéressante, qu'elle est peu dispendieuse, qu'elle supplée au fourage pendant l'hiver, & que le bétail ne peut avoir une meilleure nourriture. On a remarqué que les vaches nourries de cette plante en hiver, rendoient du lait en aussi grande abondance qu'au mois de Mai & d'une qualité supérieure. Ces navets deviennent si gros, qu'on en a vu de vingt-cinq à vingt-sept pouces de tour, & qui pesoient six à sept livres. Ils ont de plus la qualité de diviser & de préparer les terres à recevoir le blé. Un même espace de terrein ainsi employé rend beaucoup plus de froment qu'une Jachère ordinaire. Connoissant leur grosseur, on saura qu'il ne les faut point semer épais ; quatre livres suffisent pour un arpent : si au mois d'Août on s'appercevoit qu'ils ne pussent grossir pour être trop drus, il faudroit en arracher pour en faciliter l'accroissement : les terres légères & amendées sont celles qui leur conviennent. On les sème en Juin & Juillet. Sur la fin de Septembre on peut en ôter les feuilles pour les faire manger aux bestiaux. Les racines se récoltent en Octobre, & se gardent pour l'hiver en des endroits à l'abri des gelées, afin de les donner aux beſtiaux en les coupant par parties plus ou moins groſſes ſuivant le bétail auquel on en donne.

DE LA SPERGULE.

La Spergule eſt fort cultivée en Allemagne & en Flandres; elle y eſt reconnue pour donner aux vaches une grande abondance de lait, & une qualité ſupérieure au beurre qu'on en fait; elle conſerve les beſtiaux dans le meilleur état; les moutons qui en ſont nourris ont un goût exquis, & les bœufs s'en accommodent également, auſſi-bien que les chèvres.

La graine en outre eſt excellente pour nourrir les pigeons & la volaille pendant l'hiver; elle les fait pondre & multiplier.

Cette plante ſemble nous être donnée par la Providence pour qu'il n'y ait pas un coin de terre inutile : elle croît dans les ſables les plus ſtériles, les graviers les plus arides, les terres les plus âpres, & proſpère dans toutes les eſpèces de craies.

On peut la ſemer dans quelque tems de l'été que ce ſoit; la ſéchereſſe, la dureté du ſol n'y font rien; mais il faut la ſemer en Mars & en Avril pour faire la récolte de la graine qui mûrit en Juillet & Août.

Si l'on ne veut qu'en nourrir les beſtiaux, il ſuffit de la ſemer dans le mois d'Août, ou même après la moiſſon.

Le terrein où on la ſème doit être préparé par un labour; il faut, autant qu'il eſt poſſible, le rendre uni : dix à douze livres de graine ſuffiſent pour enſemencer un acre; on l'enterre avec une herſe d'épine.

L'AJONC.

Quoique l'Ajonc ſoit un arbriſſeau, & qu'en cette qualité il ſerve à former de très-bonnes haies, ſes pouſſes tendres & ſucculentes tiennent lieu de fourage pendant l'hiver, dans plusieurs endroits où on l'élève à ce dessein, sous les noms de Jonc-marin ou Jommarin, de Lande, de Genêt épineux. On le sème ordinairement au mois de Mars mêlé parmi les menus grains, dont on fait la récolte dans le tems ordinaire de l'Août; & l'année suivante on coupe ce fourage à mesure qu'on veut le donner aux bestiaux : il faut le hâcher & piler dans des auges pour le leur faire manger. Les chevaux s'en accommodent très-bien. Il faut le couper dès la première année & les suivantes le plus près de terre qu'il est possible, parce que les nouvelles tiges qui se multiplient étant renouvellées dans toute leur longueur, donnent un fourage ten-dre, toujours vert & succulent, qui est d'autant plus agréable pour le bétail dans l'hiver, que dans cette saison ils sont privés des pâturages. Cette prairie ar-tificielle dure plusieurs années. Quoique l'Ajonc n'é-puise point la terre, lorsqu'on veut le détruire, on peut laisser sécher dans le champ la tige & les racines que l'on dégage bien de la terre ; on y met le feu, & il en résulte une cendre saline qui produit des effets surprenans dans le terrein où l'on a fait cette opé-ration. Il paroît avantageux de la faire dans l'hiver ou au printems, afin que, par les différens labours, on puisse bien mêler cette cendre précieuse avec la terre qui se trouve bien disposée à recevoir le blé l'automne suivante.

Pour former des haies avec le Jonc-marin, il faut le semer par rayons. On en forme deux ou trois, es-pacés l'un de l'autre d'environ cinq pouces, & pro-fonds de trois à quatre, dans lesquels on sème la graine par pincée, qu'il est bon de mêler avec les menus grains pour la répandre plus également & moins dru. Cette plante annuelle facilitera sans doute la levée & l'accroissement de l'Ajonc ; en le préservant de la grande ardeur du Soleil, elle lui conservera aussi un peu de fraîcheur qui lui sera avan-tageuse. Les semences étant répandues, elles seront recouvertes par le moyen du rateau, en faisant at-

tention de ne les point trop faire écarter de leur ri-
golle. On taille foigneufement cette haie la feconde
année pour faire multiplier les branches dont il faut
faciliter l'entrelacement dans le milieu.

La Luzerne.

Tout le monde connoît la Luzerne & fon utilité
par l'abondance & la bonne qualité de la nourriture qu'elle fournit à tous les beftiaux. Les lieux où
elle fe plaît davantage font les terreins qui ont beaucoup de fond, qui font gras & légers ; elle ne réuffit
point dans les terres féches & arides. On la fème en
Mars & Avril dans le terrein convenable, amélioré
par le fumier, fi on le croit néceffaire, mais fur-tout
bien préparé & herfé pour le rendre uni, & afin
d'en débarraffer les autres herbes qui pourroient lui
nuire : on peut femer auffi la Luzerne à la fin d'Août
& en Septembre ; elle profite de l'humidité de l'automne pour étendre fes racines qui pivotent profondément, & il n'y a que la crainte de fortes gelées
de l'hiver qui empêche de la femer communément en
cette faifon, puifque l'été fuivant on jouiroit de la
récolte.

Les belles femences de Luzerne viennent de Provence ; il en faut de celles-ci dix-huit à vingt livres
à l'arpent, & de celles de ces cantons on en met
environ vingt-cinq livres. En la femant au printems,
il eft avantageux de la mêler avec demi-femence
d'avoine pour la préferver dans fa levée de l'ardeur
du foleil qui pourroit lui faire tort ; on recoltera
cette avoine dans fa faifon ; cependant fi l'année
étoit affez abondante pour qu'elle eût beaucoup
tallé, il faudroit la couper en vert & la faire manger
ainfi aux beftiaux ; les pieds de Luzerne coupés ne
manquent pas de repouffer. Ce n'eft qu'à la feconde
année qu'on a à efpérer de fa récolte ; elle n'eft même
dans toute fa force qu'à la troifième ; on la coupe
trois à quatre fois par an ; il faut choifir pour cela

le plus beau tems & la faire fécher le plus promptement poſſible en la remuant ſouvent ; le tems de la
faucher eſt auſſi-tôt qu'elle eſt fleurie. Une Luzer-
nière bien gouvernée dure dix & douze ans ; il ne
faut point la laiſſer pâturer , la dent de l'animal nui-
ſant à cette plante, & en défendre l'entrée à la volaille qui lui feroit auſſi du tort.

LA LUPULINE OU LE TRÈFLE NOIR.

Cette eſpèce de Luzerne commune dans les prés,
forme ſeule une excellente nourriture pour engraiſſer
tous les beſtiaux qui pâturent ; c'eſt un fourage qui a la
qualité de ne point échauffer ou très-peu. On le
fauche trois fois par an, quand il eſt dans un bon
terrein, gras & humide. On le ſème au Printems &
en Automne ; on en met ſix à ſept boiſſeaux à l'arpent ; on doit le couper à la fleur pour en faire du
foin.

LE TRÈFLE DE HOLLANDE.

Le Trèfle de Hollande ne demande pas de culture
particulière ; il ſe ſème au mois de Mars , Avril &
commencement de Mai , & pour l'ordinaire ſeul. Il
eſt d'autant plus eſtimé, qu'outre la qualité de ſon
fourage abondant qui convient à tous les beſtiaux,
il améliore ſinguliérement les terres ; ſi l'on en met
dans un terrein argilleux, & que l'on y ſème du blé
après l'avoir détruit, on ſera ſurpris de l'abondante
récolte que l'on fera.

Le Trèfle ne dure que trois ans au plus ; bien des
fermiers ne le laiſſent ſubſiſter qu'une ou deux années, le mettant dans des terreins qu'ils veulent faire
repoſer & auxquels il fournit un bon engrais pour le
froment que l'on met en place. Le Trèfle ſe coupe
trois à quatre fois par an ; il faut ſaiſir le moment
& profiter du tems le plus ſec pour faire la récolte
de ce fourage , vu qu'il contient beaucoup de ſuc

viſqueux, & ſèche en conſéquence difficilement. On
prépare la terre comme pour la Luzerne.

Le Sainfoin.

L'Eſparcette ou le Sain-foin, ainſi nommé parce
qu'il eſt appétiſſant, nourriſſant, & très-propre pour
engraiſſer les chevaux & les autres beſtiaux auxquels
on en donne ; il les ragoûte ſinguliérement, & donne
beaucoup de lait aux vaches qui en mangent ; il faut
les accoutumer à le manger en ſec, & ne point le
leur donner pour toute nourriture, car il les en-
graiſſeroit trop. Le Sain-foin eſt d'autant plus eſtimé
pour les prairies artificielles, qu'il croît dans tous
les terreins. On en fait trois récoltes par an ; il y a
de l'avantage à le faucher dès la première année,
moins pour l'intérêt de la récolte, que, parce qu'en
coupant les tiges ſupérieures, les racines tallent ou
s'accroiſſent beaucoup plus.

Une prairie dure dix à douze ans dans une terre
médiocre, & plus dans un bon terrein. On ſait qu'il
a la qualité d'améliorer les fonds ſablonneux à un
point que leur rapport en grain ſe trouve étonnant.
On le ſème en Mars & Avril après avoir bien préparé
la terre, il en faut quinze à dix-huit boiſſeaux par
arpent.

Le Safran.

Les curieux de fleurs cultivent le Safran d'automne
comme le princannier dont ils ont pluſieurs jolies variétés ; mais le premier fournit une denrée de commerce d'un très-bon rapport, ce qui doit engager à
tenter ſa culture tous ceux qui ſe trouveront dans
un climat favorable. Le Safran ſe multiplie très-ai-
ſément par le moyen de ſes oignons qui croiſſent tous
les ans en quantité. On les plante depuis Mars juſqu'en Juillet ; une terre bien ameublie, légere, noire
& ſablonneuſe leur convient beaucoup. On les met

en terre à un pouce environ de diſtance les uns des autres dans des ſillons eſpacés d'un demi-pied & profonds de cinq à ſix pouces. On recouvre ces oignons, & s'il ne leur ſurvient point de maladie, on ne leur doit de ſoins que dans la récolte des fleurs, qui ſe fait pour l'ordinaire en Septembre ou Octobre, ſuivant que la ſaiſon eſt plus ou moins avancée.

L'ALPISTE.

L'Alpiſte ſe ſème comme tous les petits grains de Mars en terre bien meuble; il ne demande d'autres ſoins que celui de le préſerver des oiſeaux vers ſa maturité. Son grain, ou mieux encore ſes épis ſont une nourriture très-agréable aux oiſeaux & ſur-tout aux Serins.

LE SORGO.

Le Sorgo qu'on a auſſi nommé Millet d'Inde, Millet d'Afrique & gros Mil d'Italie, ſe cultive comme le Millet ordinaire; ſa graine porte plus de profit étant plus groſſe. En Italie on en fait beaucoup d'uſage. Elle ne réuſſit dans ce climat qu'en des lieux naturellement chauds & humides & dans les années favorables. C'eſt une très-bonne nourriture pour les oiſeaux de volière & de baſſe-cour.

LE MILLET ET LE PANIS.

Ces deux Graminées, qui ſervent à-peu-près aux mêmes uſages, exigent la même culture; elles réuſſiſſent bien dans une terre douce & légère : on doit les ſemer fort clair en Avril & Mai, & avoir l'attention de couvrir la ſemence de terre; il faut même éclaircir les pieds un mois après la levée, parce que, s'il n'y avoit pas de diſtance entre les pieds, ils ne profiteroient point & produiroient peu. Dans beaucoup de pays on fait autant d'uſage du Millet mondé que nous en faiſons du Ris. Ici c'eſt la nourriture ordinaire des petits oiseaux. On leur donne le Panis par régal, soit en épis, soit en grains.

LE SOUCRION.

Se cultive comme l'Orge commune ; son grain nud comme celui du Froment est particuliérement estimé dans certaines provinces.

LE FROMENT DE SMIRNE.

On le nomme encore Blé d'abondance, de Providence, de Miracle, ou Froment milliaire. On le sème comme le Froment ordinaire & dans la même saison. Ce Blé est gourmand & exige un bon terrein. Il mûrit dans les années avantageuses, quoique semé en Mars. Son grain est rarement attaqué de la Carie.

LE MAÏS.

Il seroit trop long de rapporter ici tous les usages du Maïs. Ils varient dans chaque province comme sa culture & ses noms.

Ici on le nomme Turqui ou Blé de Turquie ; là Blé d'Espagne, Milloc ou gros Millet. Dans telle province on fait des gâteaux & même du pain de sa farine mêlée avec celle de froment ; dans telle autre ce sont des gaudes, sorte de bouillie à l'eau & au beurre fort usitée dans toute la Bourgogne. Les amateurs de nouveautés en ragoûts ont essayé de manger le grain vert en petits pois & les épis entiers très-jeunes, en cornichons ou en friture. Mais par-tout on engraisse la volaille avec le Maïs : cette nourriture unique les fait profiter à vue d'œil.

Les cochons ne s'en trouvent pas moins bien ; &, si l'on en nourrit les pigeons, leur chair sera blanche, tendre & leur graisse ferme & savoureuse. Quant à la manière de le cultiver, on le sème par rayons, par touffes ou seul à seul : en général il suffit que

la terre foit préparée, & qu'il y ait de la diftance
entre chaque plante pour faciliter le binage que l'on
doit donner au pied de la tige ; opération qui la fait
croître avec plus de vigueur.

Le Maïs eft gourmand ; & quoiqu'il réuffiffe dans
prefque tous les terreins, il fait cependant beaucoup
mieux dans une terre graffe naturellement ou amendée. Lorfque les feuilles font grandes, on en coupe
une partie, & même le fommet de la tige qui porte
l'épi mâle défleuri, afin que la plante prenne plus d'air.
Le tems de le femer eft en Mars & Avril, & celui de
la récolte à la fin de Septembre.

LA GARANCE.

Le bon produit que l'on tire de la culture de la
Garance eft aujourd'hui auffi généralement reconnu
que fon utilité dans les teintures.

Cette plante réuffit très-bien dans les terres dou-
ces & légères; un fol humide ne l'eft point trop, fi
l'eau n'y croupit point; une bonne terre fabloneufe
fur un fond de glaife lui convient fur-tout beaucoup:
on ne perdra jamais de répandre des fumiers dans
les Garancières; on a vu cette plante très-bien réuffir dans des terres très-arides améliorées avec le fumier de bœuf & de vache.

Si l'on veut femer la Garance dans un terrein cultivé, on lui donne le même labour que pour le
froment; fi au contraire on fe propofe d'en mettre
dans une terre en friche, il faut lui donner plufieurs
labours, d'abord deux avant l'hiver, afin qu'elle fe
trouve ameublie par les gelées, & en état de recevoir la femence en Mars ou Avril, fuivant que la
faifon le permettra, après lui avoir donné un nouveau
labour & même deux, fi la terre ne paroiffoit pas
fuffifamment brifée, l'un defquels feroit fait dans les
tems les plus favorables fur la fin de l'hiver. On met
deux boiffeaux de graine par arpent, & il y a des
terreins où il fuffit d'un boiffeau & demi; la femence

répandue, il faut herſer la terre ; & quand la plante
eſt levée, ſarcler dans le beſoin pour ôter les autres
herbes ; on récolte la graine la première année, &
on butte après chaque pied d'un peu de terre ; l'année ſuivante on fait une autre récolte de graine, &
vers le mois de Novembre qui ſuit cette ſeconde récolte, on arrache ſes plus groſſes racines, les autres ſe récoltent l'année ſuivante ; & ſans faire tort
à la vente on peut en tirer de petits tronçons
garnis chacun d'un tubercule pour en faire de nouvelles plantations.

LA SOYEUSE.

C'eſt une eſpèce d'Apocin : on lui a donné les noms
d'Ouatte & de Soyeuſe par rapport aux aigrettes
qu'on trouve dans ſes fruits, dont on fait de la
ouatte, & qu'on a trouvé le moyen de filer mélée
avec de la ſoie depuis quelques années, pour en fabriquer diverſes étoffes. Cette plante, qui eſt vivace, s'accomode des plus mauvais terreins ; on ſème
de la graine au Printems, & après les premières années, elle ne demande plus aucune culture, pro-
duiſant tous les ans d'abondantes récoltes.

LE COLSA.

C'eſt une eſpèce de chou fort cultivé en Flandre,
où il fait un objet conſidérable de commerce. On fait
de l'huile avec ſa graine comme avec la navette Les
pains dont on a exprimé l'huile, ſervent à engraiſſer
les beſtiaux de toute eſpèce. On leur fait manger
auſſi la menue paille du Colſa qui ſort du van. Il ſe
ſème au Printems, & demande une bonne terre qui
ait du fond ou qui ſoit bien amendée par les engrais.
On replante le Colſa comme les choux à ſix pouces de
diſtance par rangées eſpacées d'environ un pied.

LE LIN DE RIGA.

Tout le monde connoît l'utilité du Lin , & peu de personnes en ignorent la culture. Il faut le semer dant le mois de Mars, & choisir , autant qu'il est possible, un beau tems. Il demande une terre grasse, point trop humide & bien ameublie qu'il est nécessaire de nétoyer exactement de toutes racines & herbes. La graine semée fort clair, il faut herser la terre, & y passer le rouleau pour la resserrer. Dès que le Lin a deux pouces de hauteur, il faut le sarcler soigneusement, & continuer jusqu'à ce qu'il en ait environ six. La meilleure graine de Lin vient de Riga , & c'est celle que nous fournirons aux cultivateurs. Il ne faut l'arracher que lorsqu'il est près de sa maturité ; car trop vert, sa filasse en est plus grosse, & elle tombe beaucoup en étoupe.

LE CHANVRE DE PIÉMONT.

Se cultive comme le chanvre ordinaire, si ce n'est qu'il doit être fort espacé, car il monte a la hauteur de sept à huit pieds, & étend ses branches a proportion : il devient ligneux, de manière que les tiges des portes-graines servent à former des cannes de promenade. Le bas du tronc est recherché par les horlogers qui s'en servent à polir leurs ouvrages. Son plus grand usage vient de sa graine qu'il fournit dans une abondance prodigieuse.

MANIERE DE SEMER LES BEAUX GAZONS.

Le beau Gazon vient des graines des bas prés. Avant de le semer, il faut ôter toutes les mottes & les pierres ; bien labourer le terrein ; passer la terre au rateau fin, & répandre uniment sur sa su face un ou deux pouces de bonne terre, cela y fera très-bien. Ensuite semer la graine par un tems couvert, & la recouvrir avec le rateau. On n'évite, pour femer les gazons, que les grandes fécherefles & les grands froids ; les faifons du printems & de l'automne font préférables. On doit les faucher quatre à cinq fois par an, & de fort près, afin que l'herbe foit toujours épaiffe & raze.

Si on a le foin d'y faire femer tous les ans de nouvelles graines, le gazon ne s'altérera jamais, étant ainfi renouvellé, & fera toujours des plus beaux.

LE FIN HOUSSI.

C'eft un petit Trèfle fort joli que l'on emploie beaucoup en Angleterre pour former des tapis d'agrément ; il fe fème au printems comme le grand Trèfle, lorfqu'on a bien préparé la terre qu'il faut après unir autant qu'il fera poffible. Si l'on coupe fouvent ce gazon, il eft toujours d'un vert le plus gai. Mais fi l'on veut jouir de l'agrément de fes fleurs qui flattent beaucoup, la plante en durera moins. On met environ trente livres de graine à l'arpent.

RECETTE du RATAFIA DE FLEURS DE MOLDAVI-QUE, nommée LE NÉPENTES.

LORSQU'ON veut élever la Moldavique pour l'orne-ment des jardins en automne, on peut ne la femer qu'en Avril ; mais il faut la femer dès le mois de Mars fur couche, pour récolter fes fleurs dans l'été, quand on en veut faire de bon Ratafia.

On doit cueillir cette fleur à midi dans de beaux jours, la dépouiller de fon calice, & la mettre auffi-tôt infufer au foleil dans de l'eau de vie, ayant foin de remplir la bouteille à mefure qu'on ajoute des fleurs.

Deux mois après, paffez la liqueur dans une chauffe & preffez le marc. Mefurez la quantité de cette infu-fion, & prenez pareille quantité d'eau-de-vie pure : pefez vingt onces de fucre par pintes de Paris ; faites clarifier le fucre dans une poële fur un fourneau à grand feu de charbon. Lorfqu'il eft réduit en firop, jettez dans la poële l'infufion & l'eau-de-vie ; laiffez bouillir le tout eufemble quelques bouillons, & quand la liqueur eft refroidie, paffez-la dans une toile neuve & ferrée, laiffez-la refroidir dans un vaiffeau de fayence couvert d'un papier & de linge, puis mettez-la dans les bouteilles que vous ne boucherez que le lendemain.

Quoique par ce procédé on femble ôter beaucoup de force au Ratafia, il lui en refte affez pour le ren-dre une liqueur très-agréable & très-falutaire. Au refte, on fait que la Moldavique a toutes les pro-priétés de la Mélitfe.

RECETTE du Ratafia des Sept-Graines.

PRENEZ de la graine d'Anis, d'Anet, de Carvi, de Coriandre, de Carotte & de Fénouil, de chacune une once & deux gros d'Angélique musquée : faites infuser ces sept graines aromatiques dans quatre pintes d'eau-de-vie dans une bouteille de verre ou une cruche pendant le tems de quinze jours en été, ou de trois semaines en hiver, avec le soin de remuer la bouteille tous les jours pour empêcher la liqueur de se graisser, & celui de l'exposer au soleil s'il est possible. Passez l'infusion à la chausse, ajoutez-y six onces ou même demi-livre de sucre par pinte de liqueur, fondu dans demi-septier d'eau, & repassez le tout à la chausse une seconde fois. Ce Ratafia très-connu & très-estimé peut se faire en tout tems : on trouvera même chez le sieur Andrieux lesdites graines criblées & mélangées toutes prêtes à infuser, & l'on peut être assuré de les avoir toujours fraîches & de la meilleure qualité.

CATALOGUE

RAISONNÉ

DES MEILLEURES SORTES

D'ARBRES FRUITIERS,

Dont le Sieur ANDRIEUX, Marchand Grainier-Fleuriste & Botaniste du Roi, à Paris, quai de la Mégisserie, près l'Arche Marion, au Roi des Oiseaux, procurera des Greffes ou de jeunes Sujets greffés dans les saisons convenables.

AVERTISSEMENT.

Les noms françois des Arbres que comprend ce Catalogue font les plus ufités & ceux que M. Duhamel a adoptés dans fon Traité des Arbres fruitiers imprimé à Paris en 1769, deux volumes *in*-4°. grand papier ; on y verra dans les planches le portrait fidèle des principales efpèces & la defcription détaillée de toutes. Celle que nous donnons ici en eft extraite, ainfi que les phrafes latines qu'on a mifes en marge.

Nous avons cru faire plaifir de les ranger dans l'ordre de leur maturité ; mais il eft néceffaire d'obferver que cet ordre eft celui que garderoient ces fruits cultivés dans un même fol & en pareille température ; de forte que la

différence des terreins & des expofi-
tions produit fouvent de grandes dif-
férences dans leur maturité.

CATALOGUE

RAISONNÉ

DES MEILLEURES ESPECES

D'ARBRES FRUITIERS

Indiqués dans le Traité des Arbres fruitiers de M. DUHAMEL, & dont le Sieur ANDRIEUX procurera du Plant ou des Greffes dans les Saisons convenables avec toute sûreté pour la franchise de l'espèce.

LES VIGNES.

LE MORILLON HATIF, ou RAISIN PRÉCOCE, ou *Raisin de la Magdeleine.* Il doit tout son mérite à sa précocité. Ses grappes sont petites, bien garnies de petits grains, dont la peau un peu dure est d'un violet noir. Leur chair est verdâtre & leur eau presque insipide. Il a plusieurs variétés qui ne différent que par la couleur.

Vitis acino parvo subrotundo, nigricante, præcoci.

Vitis acino medio rotundo, ex albido flavescente.

LE CHASSELAS, *Chasselas doré*, *ou Bars - le - Chasselas*, *ou Bar - sur - Aube blanc* est le Raisin le plus commun dans nos jardins. Sa grappe est grosse ; ses grains ronds de grosseur inégale, couverts d'une peau dure d'un jaune pâle, quelquefois ambrée, qui renferme une chair fondante pleine d'une eau très-douce, sucrée, excellente.

Vitis acino medio, rotundo, rubello.

LE CHASSELAS ROUGE est une variété du précédent, dont le grain est un peu moindre, & lavé de rouge clair sur un côté.

Vitis acino medio, rotundo, albi-moschato.

LE CHASSELAS MUSQUÉ. C'est une autre excellente variété de Chasselas, dont le grain est des mêmes forme & grosseur, la peau d'un vert pâle, & l'eau relevée d'un petit parfum de musc fort agréable.

Vitis folio laciniato, acino medio, rotundo, albido.

LE CIOUTAT, *Ciotat ou Raisin d'Autriche* est un vrai Chasselas, dont la grappe est moindre & moins garnie de grains que celle du Chasselas doré. La feuille de cette vigne est palmée ou laciniée en cinq piéces découpées profondément.

Vitis apiana acino medio, subrotundo, albido, moschato.

LE MUSCAT BLANC. Il a la grappe presque conique. Ses grains sont alongés, leur peau croquante, d'un vert clair, un peu ambrée du côté du soleil. La chair assez ferme est pleine d'une eau musquée, excellente, lorsque ce raisin peut acquérir une parfaite maturité : c'est le plus commun des Muscats.

Vitis apiana acino medio, rotundo, rubro, moschato.

LE MUSCAT ROUGE La grappe du *Muscat rouge* est de même forme que celle du Muscat blanc. Les grains, moins serrés, sont ronds, les uns d'un rouge vif, les autres mêlés de jaune & de rouge clair. La chair est ferme, & l'eau musquée est agréable.

Vitis apiana acino magno, oblongo, violaceo, moschato.

LE MUSCAT VIOLET a les grains plus gros, alongés, la peau plus dure, d'un violet foncé, la chair verdâtre, l'eau musquée, moins agréable que les deux précédens.

Le Muscat noir, inférieur en bonté à tous les autres Muscats, est de grosseur moyenne, d'un violet tirant sur le noir; sa chair en est un peu teinte; son eau est musquée.

Vitis apiana acino medio, subrotundo, nigricante, moschato.

Le Muscat d'Alexandrie, ou *Passe-longue musquée*. Ses grappes sont de même forme que celles des autres Muscats. Son grain est ovale, fort gros, couvert d'une peau dure, d'un vert tirant sur le jaune. Sa chair blanche & ferme est pleine d'une eau musquée & excellente. Mais ce raisin a peine à murir aux expositions même les plus chaudes.

Vitis apiana acino maximo, ovato, e viridi flavescente, moschato, Alexandrina.

Le Raisin de Maroc, plus agréable à l'œil qu'au goût, est fort gros, ovale. Sa peau est dure, d'un violet foncé. Son eau aigre avant sa maturité devient alors insipide. La grappe est très-grosse. Sa variété à fruit blanc, & *le Maroquin* ou *Barbarem* ne valent pas mieux.

Vitis acino maximo, ovato, saturè violaceo.

Le Cornichon blanc. Sa grappe ne contient pas un grand nombre de grains, qui sont très-longs, renflés au milieu, courbés, imitant la forme d'un petit cornichon. La peau en est dure, d'un vert très-pâle : l'eau douce, sucrée, fort bonne, lorsque ce raisin peut mûrir. Il a une variété de couleur violette, qui mûrit encore plus difficilement.

Vitis acino longissimo cucumeri formi albido.

Le Bourdelas, *Bordelais* ou *Verjus*, a des grappes extrêmement grosses. Les grains sont oblongs, couverts d'une peau très-dure, d'un vert clair tirant sur le jaune. La chair en est assez ferme; l'eau abondante & acide devient douce & agréable dans la maturité; mais on ne l'emploie guère que vert en ce pays. Ses deux variétés à *fruit rouge* & à *fruit noir* n'en diffèrent que par la couleur.

Vitis acino majore, ovato, e viridi flavescente, Burdigalensi dicta.

Le Corinthe blanc a la grappe fort alongée, bien garnie de grains très-petits, ronds sans pepins,

Vitis acino minimo ro-

tundo, albido, fine nucleis, Corinthia.

de la même couleur que le Chaffelas blanc, d'une eau fucrée & fort agréable. Ses deux variétés, *rouge* & *violette*, font moins bonnes & plus fujettes à couler.

LES AMANDIERS.

Amygdalus fativa fructu minori.
C. A. P.

L'*AMANDIER A PETIT FRUIT.* Quoique cet Amandier, qui eft le plus commun dans nos jardins, ait l'Amande douce, la petiteffe de l'Amande & la dureté de la coque le rendent peu propre aux ufages économiques. Les Pépiniériftes en fèment les fruits pour former des fujets propres à recevoir la greffe de différens arbres. Il a une variété dont l'Amande eft amère.

Amygdalus dulcis putamine molliore.
C. B. P.

L'*AMANDIER DES DAMES*, *Amandier à coque tendre* ou *à noyau tendre*. Il produit des fruits un peu plus gros que le précédent, & eft très-eftimable par la douceur de fon amande & la fragilité de fon noyau.

Amygdalus dulcis fructu majori.

L'*AMANDIER A GROS FRUIT*, *dont l'Amande eft douce*, mérite le plus d'être cultivé dans notre climat, où il réuffit bien. Ses fruits donnent des fujets pour les pepinières beaucoup meilleurs que l'Amande douce commune. La douceur, la fermeté & le volume de fes Amandes les fait rechercher tant vertes que féches. Il a une variété dont l'Amande eft amère.

Amygdalus Perfica.

L'*AMANDIER-PECHER*, ou *Amandier-Pêche*. Il participe des deux arbres dont il porte le nom. Son fruit nommé auffi Pêche-Amande, eft quelquefois couvert d'un brou fec & mince comme celui des Amandes, d'autrefois d'une chair épaiffe & fucculente comme les Pêches; mais l'eau en eft amère. Le noyau des uns & des autres eft gros & liffe & contient une Amande douce.

LES PECHERS.

L'Avant-Peche blanche. La chair de cette Pêche est blanche, fine & succulente ; son eau est très-sucrée, elle a un parfum musqué qui la rend très-agréable ; elle est très-hâtive, puisqu'elle mûrit quelquefois dès le commencement de Juillet.

Persica flore magno, precoci fructu, albo minori.

L'Avant-Pecher rouge, ou *Avant-Pêche de Troyes*. Elle mûrit au commencement d'Août aux bonnes expositions ; sa chair est blanche, fine, fondante ; son eau est sucrée & musquée.

Persica flore magno fructu æstivo, rubro, minori.

L'Avant-Peche jaune. Sa chair est d'un jaune doré, elle est fine & fondante ; son eau est douce & sucrée.

Persica æstiva flore parvo, fructu minori, carne flavescente.

La double de Troyes, ou *Pêche de Troyes, dite Petite Mignone*. Ce fruit est au nombre des bonnes Pêches, sa chair est ferme, fine, blanche ; son eau abondante, un peu sucrée & vineuse ; il mûrit vers la fin d'Août.

Persica æstiva flore parvo ; fructu mediocris crassitiei ; trecassina dicta.

La Peche-Madeleine blanche. Sa chair & sa peau sont également blanches, & cette chair est délicate, fine, fondante & succulente ; son eau abondante, sucrée, musquée & d'un goût fin. Elle commence à mûrir vers la mi-Août.

Persica flore magno, fructu globoso, compresso ; albis carne & cortice.

La véritable Pourprée hative a grande fleur. Cette belle Pêche regardée comme une des meilleures mûrit dans le commencement d'Août ; sa couleur est d'un rouge foncé & sa forme bien ronde ; sa chair est fine & très-fondante, son eau abondante & délicieuse.

Persica fructu globoso, æstivo, obscurè rubente, carne aquosâ suavissimâ.

Persica flore parvo, fructu mediocris, carne flavescente.

L'ALBERGE JAUNE, ou *Pêche jaune.* Sa chair est très-fondante quand le fruit est bien mûr, & que l'arbre se porte bien ; son eau est sucrée & vineuse : elle mûrit à la fin d'Août.

Persica fructu globoso, carne buxeâ, nucleo adherente, cortice obscurè-rubente.

LE PAVIE-ALBERGE, *Persais d'Angoumois.* Ce fruit est excellent & mûrit à la fin de Septembre ; sa chair est jaune couleur de buis, fondante & tient au noyau ; sa peau est colorée d'un rouge obscur.

Persica flore parvo ; fructu æstivo compresso, paululùm verrucoso.

LA CHEVREUSE HATIVE. Elle a la chair fondante ; son eau est douce & sucrée. Cette Pêche mûrit à la fin d'Août. Il y a une variété de cette espèce nommée *Pêche d'Italie* qui abonde en eau, & dont le fruit est un peu plus gros & plus tardif.

Persica flore magno ; fructu æstivo globoso, obscurè-rubente suavissimo.

LA POURPRÉE HATIVE, ou *Vineuse.* Cette Pêche paroît être une variété de la grosse Mignone ; elle mûrit au même tems ; sa chair est fine, blanche, succulente ; elle abonde en eau vineuse.

Persica flore magno ; fructu globoso, pulcherrimo, saturè rubro.

LA MIGNONE, *Grosse Mignone, Veloutée de Merlet.* Ce fruit est bien rond & d'un rouge vif ; sa chair est fine, fondante, succulente & fort délicate ; son eau est sucrée, relevée, vineuse : sa maturité est sur la fin d'Août.

Persica flore magno ; fructu paululùm compresso, cortice rubro, carne venis rubris inmicatâ.

LA MADELEINE ROUGE, ou *Madeleine de Courson.* Cette Pêche est au nombre des meilleures, ayant une eau sucrée & d'un goût relevé très-agréable : elle mûrit en Septembre : sa forme est un peu applatie, sa peau rouge & sa chair veinée de la même couleur. *La Madeleine tardive,* qu'on croit être une variété de la précédente, ne mûrit qu'en Octobre & Novembre ; elle est aussi très-bonne.

Persica flore parvo ; fructu æstivo, compresso, paululùm verrucoso.

LA BELLE CHEVREUSE. Sa chair est assez ferme, son eau sucrée & assez agréable ; cette Pêche mûrit dans le commencement de Septembre.

LA BELLEGARDE ou *GALANDE.* Cette Pêche mûrit à la fin d'Août ; elle est assez grosse, ronde & d'un rouge foncé ; sa chair est ferme & cassante ; cependant fine, pleine d'eau sucrée & de très-bon goût. — *Persica flore parvo ; fructu magno, globoso, atro-tubente, carne firmâ, faccharatâ.*

LE PAVIE BLANC ou *Pavie-Madeleine.* Sa chair, qui tient au noyau, est ferme, succulente, abondante en eau & très-vineuse dans sa parfaite maturité qui arrive au commencement de Septembre. *Persica flore magno, fructu albo, carne durâ, muleo adhærente.*

LA VERITABLE CHANCELIERE à grande fleur. Cette Pêche est excellente, elle mûrit au commencement de Septembre ; on remarque quelques verrues sur sa peau qui est d'un rouge gai. *Persica flore magno ; fructu minùs æstivo, paululùm verrucoso, dilutè rubente.*

LA PECHE MALTHE. Sa chair est fine, son eau un peu musquée & très-agréable dans sa maturité ; cette Pêche un peu applatie a la peau rouge & la chair blanche. *P. fl. mag. fr. amplo, ferotino, compresso, cortice paululùm rubente, carne albâ.*

LA PECHE-CERISE. Ce fruit est très-agréable à la vue par ses belles couleurs ; il est lisse & coloré en partie de rouge & de blanc ; sa chair est assez fine & fondante : il mûrit au commencement de Septembre. *Persica flore parvo, fructu glabro æstivo, carne albâ, cortice partim albo, partim dilutè rubente.*

LA PETITE VIOLETTE HATIVE. L'eau sucrée, vineuse & parfumée de cette Pêche la rend une des meilleures ; elle mûrit au commencement de Septembre. On sait que toutes les Pêches qu'on nomme *Violettes* ont la peau lisse. *Persica flore parvo, fructu glabro, violaceo, minori vinoso.*

LA GROSSE VIOLETTE HATIVE. Sa chair est fondante, moins vineuse que celle de la précédente ; ce fruit est aussi très-bon ; il mûrit au commencement de Septembre. *Persica flore parvo, fructu glabro violaceo, majori vinoso.*

LA BOURDINE, ou *Pêche-Bourdin, Narbonne.* *Persica flore*

Perfica flore parvo, fructu globofo, pulcherrimo, atro-rubente.

Cette Pêche bien faite, & que fon rouge-brun rend très-agréable, fe trouve mûre en Septembre; fa chair eft très-fine, fondante; fon eau vineufe & d'un goût excellent.

Perfica flore parvo; fructu magno, globofo, dilutè-rubente, carne firm â faccharatâ.

L'ADMIRABLE. Ce fruit eft bien nommé; il eft gros, bien rond, d'un rouge gai; fa chair eft ferme, fine, fondante; fon eau eft douce, fucrée, d'uu goût vineux, fin & relevé qui eft admirable : il mûrit à la mi-Septembre.

Perfica flore parvo, fructu magno, carne flavefcente.

LA ROSSANNE. La Pêche de Roffanne paroît être une variété de l'Alberge jaune, ayant les mêmes qualirés, excepté fa faifon; elle eft auffi plus groffe.

Perfica flore parvo, fructu magno, globofo, dilute-rubente, venio purpureis muricato; carne firmâ & fuaviffimâ.

LA BELLE DE VITRY, ou *Admirable tardive*. La chair de cette Pêche eft ferme & fucculente; elle mûrit à la fin de Septembre; il faut la laiffer paffer quelques jours dans la fruiterie avant de la manger; alors elle a un goût relevé & une eau délicieufe; elle eft groffe, ronde, d'un rouge gai, fouettée de veines pourprées.

Perfica flore medio, fructu magno, globofo, fuave-rubente; fapore gratiffimo.

LE TEINDOU ou *Tein-doux*. Ce fruit eft gros, bien rond, d'un beau rouge; il a la chair fine, l'eau fucrée & bien délicate, le tems de fa maturité eft vers la fin de Septembre.

Perfica flore parvo, fructu vix-globofo, dilute rubente, papillato, carne gratiffimâ.

LE TETON DE VENUS. C'eft une Pêche prefque ronde, à l'exception d'uue pointe qui fe voit à l'extrêmité. Elle a la peau de couleur rouge gai; fa chair eft fine & fort agréable, fon eau a un parfum admirable; elle mûrit à la fin de Septembre.

Perfica flore parvo, fructu ferotino compreffo.

LA CHEVREUSE TARDIVE ou *Pourprée*. Sa maturité fuit la précédente; cette Pêche eft bonne & fort agréable, fa forme eft un peu applatie.

Perfica flore magno, fruc-

LE BRUGNON VIOLET MUSQUÉ. Sa chair, quoique ferme & adhérente au noyau, eft aqueufe, d'un goût excellent, vineuse, musquée & sucrée ; il mûrit à la fin de Septembre, sa peau est lisse comme celle des autres Pêches violettes. *tu glabro, violaceo , vinoso, carne nucleâ adhærente.*

Le Pecher *à fleur semi-double.* Les Pêches qu'il donne ont la chair blanche & une eau agréable ; elles mûrissent aussi à la fin de Septembre. *Persica flore magno semi-pleno.*

La Royale. Ce fruit a la chair fine, l'eau sucrée, relevée d'un goût vineux agréable ; il mûrit vers la fin de Septembre, sa forme est un peu alongée , & sa couleur foncée. *Persica flore parvo , fructu paululùm oblongo , atrerubente serotino.*

La Nivette veloutée. Sa chair ferme est succulente ; son eau est sucrée & relevée ; mais pour avoir ces bonnes qualités , il faut lui laisser passer quelques jours à la fruiterie. *Persica flore parvo fructu magno globoso , dilute rubente , serotino.*

La Violette tardive qu'on nomme aussi *marbrée & panachée.* Lorsque cette Pêche est dans sa maturité, son eau est très-vineuse ; mais comme elle ne mûrit que vers la mi-Octobre, elle ne réussit que dans les Automnes chauds. *Persica flore parvo , fructu glabro e rubro & violaceo variegato , serotino , vinoso.*

La Madeleine tardive. Cette Pêche qu'on regarde comme une variété de la Madeleine de Courson ne mûrit qu'en Octobre & Novembre ; elle est aussi très-bonne. *P. fl. mag. fr. paululùm compresso, cortice rubro , carne venis rubris muricatà.*

La Pourprée tardive. Ce fruit est fort succulent, son eau douce & d'un goût relevé. *Persica flore parvo , fructu serotino , globoso, obscurè-rubente suavissimo.*

La Peche Persique. Sa chair est ferme & néanmoins succulente, son eau est d'un goût fin, relevé, très-agréable ; elle est vraiment excellente ; cette Pêche mûrit aussi en Octobre & Novembre. *Persica flore parvo fructu oblongo , colorato , verrucoso , serotino , carne firmâ vinosâ.*

Perſica flore magno, fructu maximo, pulcherrimo, carne durâ, nucleo adhæ-rente.

LE PAVIE ROUGE *de Pompone*, *Pavie monſtrueux*, ou *Pavie camus.* Si l'Automne eſt chaud, l'eau de ce beau fruit eſt vineuſe, muſquée, ſucrée & très-agréable, & ſa chair, quoique bien ferme, eſt ſucculente.

Perſica flore amplo, fructu magno, globoſo, ſerotino, carne buxeâ.

L'ADMIRABLE JAUNE, *abricotée*, *Pêche d'abricot*, ou *groſſe Pêche jaune tardive.* Son eau eſt agréable dans les Automnes chauds; elle eſt mêlée d'un peu de parfum de l'abricot; ſa chair en a auſſi la couleur.

Perſica fructu maximo, compreſſo, carne durâ, nucleo adhæ-rente, buxeâ.

LE PAVIE JAUNE. Cette Pêche a, comme on ſait, la chair ferme qui ne quitte pas le noyau; c'eſt un fort bon fruit qui a les qualités de l'Admirable jaune; ſa chair eſt un peu moins ferme, mais il eſt plus gros.

Perſica flore parvo, fructu globoſo, glabro, ſerotino buxeo colore, mali armenia-ci ſapore.

LA JAUNE LISSE, ou *Liſſée jaune.* Sa chair eſt ferme; lorſque les Automnes ſont favorables, ſon eau eſt ſucrée, très-agréable, & a un petit goût d'abricot; cette Pêche, quoique mûre, ſe conſerve quinze jours ſans perdre ſa qualité.

Perſica flore magno; cortice & carne rubris, quaſi ſanguineis.

LA PECHE SANGUINOLE, dite *Beterave* ou *Druſelle.* Toute ſa chair eſt rouge comme la Betterave & un peu ſèche; cette Pêche curieuſe n'eſt point bonne crue, mais elle eſt parfaite en compotte. *La Cardinale* tient beaucoup de cette dernière; mais elle eſt plus groſſe & meilleure.

Perſica Pa-kenſis.

LA PECHE DE PAU. Il faut des Automnes chauds pour que cette Pêche qui, eſt fort tardive, mûriſſe parfaitement; alors elle a la chair fondante, l'eau relevée & agréable.

Perſica flore parvo, fructu glabro, ferè

LA VIOLETTE TRÈS-TARDIVE, dite *Pêche-noix.* Pour que cette Pêche mûriſſe, il lui faut, comme à la précédente, un Automne favorable; elle reſſemble en tout à la violette tardive ; sa chair a une foible teinture de verd. — *viridi, maxime serotino.*

Le Pecher nain. Il est moins utile par son fruit que curieux par la petitesse de l'arbre que l'on élève souvent dans un vase pour le servir sur la table. — *Persica nana, frugifera, flore magno simplici.*

LES CERISIERS.

Le Merisier a gros fruit noir. Son fruit beaucoup plus gros a la chair tendre & rouge, une eau fort colorée, abondante, douce & sucrée ; il est très-employé pour les liqueurs. — *Cerasus major ac silvestris multiplici flore.*

Le Merisier a fleur double. On le cultive pour la beauté de sa fleur qui s'épanouit à la fin d'Avril ; mais il ne donne point de fruit. — *Cerasus major ac silvestris multiplici flore.*

LES GUIGNIERS.

Le Guignier a fruit noir. Cette Guigne mûrit dans le commencement de Juin ; mais on la cueille souvent avant sa parfaite maturité ; alors sa chair est ferme & rouge, & son eau assez agréable quoiqu'un peu sure. — *Cerasus major hortensis fructu cordato, nigricante, carne tenerâ & aquosâ.*

Le Guignier a petit fruit noir. Cet arbre est une variété du précédent ; il n'en diffère que par son fruit moins gros & d'une chair moins foncée en rouge. — *C. maj. hort. fr. cordato minore, nigric. carne aquosâ subdulci.*

Le Guignier a gros fruit blanc. Quoique cette Guigne soit nommée blanche, elle est cependant en partie rougeâtre, sa chair est moins tendre que celle de la Guigne noire, son eau a un goût fort agréable, elle mûrit vers la mi-Juin. — *C. maj. hort. fr. cordato, partim albo, partim rubro, carne tenerâ & aquosâ.*

C. maj. hort. fr. cord. nigro splendente, carne tenerâ; aquosâ & sapidissimâ.

LE GUIGNIER *à gros fruit noir luisant.* La chair de cette Guigne est ferme, rouge; son eau est abondante, d'un goût relevé & agréable; elle mûrit à la fin de Juin.

C. maj. hort. fructu, cordato, rubro, serotino, carne tenerâ & aquosâ.

LE GUIGNIER *à fruit rouge tardif.* Le seul mérite de cet arbre est de donner son fruit en Septembre & Octobre; c'est ce qu'on nomme *la Guigne de Saint-Gilles* ou *la Guigne de fer.*

LES BIGARREAUTIERS.

Cerasus major hortensis fructu cordato minore, hinc albo, inde, dilute rubro, carne durâ dulci.

LE BIGARREAUTIER *à petit fruit hâtif.* Le petit Bigarreau hâtif a la chair cassante, moins ferme cependant que les autres; son eau d'abord un peu sure s'adoucit & prend un goût relevé dans sa parfaite mâturité : il commence dès la mi-Juin.

C. maj. hort. fructu cordato minore rubro, carne durâ dulci.

LE BIGARREAUTIER *à petit fruit rouge hâtif.* Variété du précédent; il n'en diffère que par sa couleur, sa chair un peu plus ferme & son eau un peu plus relevée.

Cerasus major hortensis fructu cordato medio, carne durâ sapidâ.

LE BIGARREAUTIER *commun.* Sa chair est ferme & cassante, son eau abondante, vineuse, relevée & très-agréable; le Bigarreau ordinaire mûrit au commencement de Juillet, & pour être commun, il n'en est pas moins excellent.

C. maj. hort. fructu cordato majore sature rubro, carne durâ sapidissimâ.

LE BIGARREAUTIER *à gros fruit rouge.* Ce Bigarreau, le meilleur de tous, a la chair ferme & fort succulente, une eau abondante, d'un goût très-relevé & excellent : il mûrit vers la fin de Juillet.

C. maj. hort. fructu cordato majore, hinc albo, inde dilute rubro, carne pidâ.

LE BIGARREAUTIER *à gros fruit blanc.* Son fruit qui n'est qu'en partie blanc & en partie d'un rouge tendre, n'a pas le goût aussi relevé.

LES CERISIERS, *proprement dits à fruits ronds.*

LE CERISIER NAIN *à fruit rond précoce.* C'est celui qu'on plante en espalier au midi pour avancer encore la maturité de son fruit qu'il donne à la fin de Mai ; mais ce fruit a la chair sèche & l'eau sure.

Cerasus pumila fructu rotundo, minimo acido præcociori.

LA ROYALE HATIVE ou *Mai-duke des Anglois.* C'est une variété de la Royale de Juillet, dont le fruit aussi bon mûrit dès la fin de Mai ; ce qui le rend bien préférable à notre ancien Cerisier-nain précoce.

C. sat. multifera fr. rot. magno rubro subnigricante, suavissimo.

LE CERISIER-HATIF. A proprement parler, son fruit n'est hâtif que quand on le cueille lorsqu'il est d'un rouge clair vers le commencement de Juin ; alors son eau est aigre ; mûr, sa peau est d'un rouge foncé, son eau douce & agréable ; mais il perd le mérite d'être précoce.

Cerasus sativa fructu rotundo medio rubro, acido, præcociori.

LE CERISIER DE HOLLANDE, dit *Coulard.* La fleur de ce Cerisier est en effet très-sujette à couler ; la chair de son fruit est fine, son eau d'ailleurs est douce & très-agréable ; le tems de sa maturité est vers la mi-Juin.

Cerasus sativa paucifera fructu rotundo magno, pulchre rubro, suavissimo.

LE CERISIER A TROCHET, ou *très-fertile.* La chair de cette Cerise est délicate, son eau assez agréable, s'il lui manque tant soit peu de douceur, la grande fécondité de l'arbre balance ce défaut.

Cerasus sativa multifera, fructu rotundo medio, saturè rubro.

LE CERISIER A BOUQUET. Il paroît être une variété du précédent : on se plaît à voir les bouquets de trois ou quatre cerises & plus qu'il porte sur une seule queue ; mais elles sont trop acides pour être mangées autrement qu'en compote ou glacées de sucre ; elles mûrissent après la mi-Juin.

Cerasus sativa fructus rotundos acidos uno pediculo plures ferens.

LE CERISIER *commun à fruit rond.* Il y a un

Cerasus vul-

gatis fructu rotundo.

grand nombre de variétés de cette espèce ; la meilleure est celle qui se propage aux environs de Paris ; ce fruit est beau, sa chair blanche, l'eau dont il abonde est un peu aigre, même dans sa maturité : elle mûrit vers la fin de Juin.

Cer. vulgaris fructu rotundo, nucleo fragili.

LE CERISIER *à noyaux tendres.* Cette Cerise est assez bonne pour une commune ; son noyau est proprement ligneux, mais fort mince & facile à rompre.

Cerasus sativa, fructu rotundo majore, dilutius rubro, gratissimi saporis vix aciduli.

LE CERISIER *à gros fruit rouge pâle,* ou *Cerisier de Vilennes.* Sa chair transparente est très-succulente, son eau est abondante, très-agréable, relevée d'un aigrelet à peine sensible. Cette Cerise qui mûrit à la fin de Juin est une des plus excellentes à manger crue : elle est préférable à toutes les autres pour confire, étant non-seulement grosse, très-charnue & très-douce, mais d'une couleur claire qui rend les confitures très-délicates & agréables à la vue ; elle est encore assez rare aux environs de Paris.

C. sat. multifera, fr. subcordato, magno, e rubro nigricante, suavissimo.

LA CERISE-GUIGNE, ainsi nommée, parce qu'elle tient en effet *de la Cerise & de la Guigne,* a l'eau douce d'un goût agréable, mais peu relevé, cette cerise mûrit à la fin de Juin : l'arbre en est très-abondant.

Cerasus sativa fructu rotundo maximo, e rubro nigricante, sapidissimo.

LE GRIOTTIER DE PORTUGAL. Cette Griotte mûrit dans le commencement de Juillet : elle est regardée comme la plus grosse & la meilleure de toutes les Cerises ; sa couleur est d'un rouge noir ; sa chair ferme, son eau rouge, abondante, est sans acide & relevée d'une petite amertume agréable : quelques-uns la nomment la *Griotte Royale, l'Archiduc, la Royale de Hollande, la Cerise de Portugal.*

Cerasus sativa multifera, fructu rotundo, magno,

LE CERISIER D'ANGLETERRE. *Chery-duke,* ou *Cerise Royale des Anglois.* Ce Cerisier produit abondamment & devient fort à la mode : son fruit gros est d'un rouge noir; sa chair ferme, son eau très-douce sans acide : il mûrit au commencement de Juillet. *e rubro subnigricante, suavissimo.*

Le Griottier. La Griotte ordinaire est noire, très-douce & fort agréable : elle mûrit au commencement de Juillet. Il y en a une de moindre valeur, & qui est plus tardive. *Cerasus sativa fructu rotundo, magno, nigro, suavissimo.*

Le Cerisier *de Montmorency ordinaire.* Sa chair est fine; son eau n'a d'acidité que pour la rendre agréable & en relever le goût : cette Cerise, moins grosse que la suivante, mûrit au commencement de Juillet. *Cerasus sativa fructu rotundo, magno, rubro, gratè acidulo.*

Le Cerisier *de Montmorency à gros fruit, le gros Gobet, le Gobet à courte-queue.* C'est ainsi qu'on nomme cette Cerise ; elle a la chair fine ; son eau est abondante & très-agréable ; c'est la Cerise à confire qui n'est pas moins excellente à manger crue ; elle mûrit vers la mi-Juillet. *Cer. sativa fructu rotundo majore acutè & splendidè rubro, brevi pediculo.*

Le Cerisier *à fruit ambré,* dit *à fruit blanc.* Ce fruit très-peu commun est excellent ; il abonde d'une eau sucrée & fort douce sans fadeur ; il mûrit vers la mi-Juillet. Il y en a une autre plus ambrée, mais fort inférieure en bonté. *Cerasus sativa fructu rotundo magno, partim rubello, partim succineo colore.*

Le Griottier d'Allemagne, connu sous les noms de *grosse Cerise de M. le Comte de Sainte-Maure,* ou *Griotte de Chaux.* Sa chair rouge est abondante en eau, peut-être un peu trop relevée d'acide ; elle mûrit à la mi-Juillet : l'arbre est petit & délicat. *Cerasus sativa fructu subrotundo, magno, e rubro nigricante, acido.*

Le Cerisier *à petit fruit noir.* C'est la *grosse Cerise à ratafia* qui mûrit en Août ; elle est peu propre à manger crue ; mais sa couleur, sa petite amertume & même son âcreté la rendent très-bonne pour les ratafia & le vin de Cerise. *Cerasus vulgaris fructu rotundo, parvo, atro-rubente, subacri & subamaro, serotino.*

Cer. vul. fr. rotundo, minimò atro rubente, acri & amaro, ferotino.

Cerisier à très-petit fruit noir. C'est la *petite Cerise à ratafia.* Variété de la précédente, moins grosse, plus âcre & plus amère, ce qui la lui fait préférer encore.

Cerafus fativa æftate continuâ florens ac frugefcens.

Le Cerisier de la Touffaint ou *de la Saint-Martin,* ou *Cerifier tardif.* Cet arbre plus curieux qu'utile, rapporte des fruits fort acides, dont il eft vrai que les derniers ne mûriffent qu'en novembre, lorfqu'il eft en efpalier au nord, ce qui vient de ce que fes branches à fruit ne ceffent pendant tout l'été de faire de nouvelles productions; en forte qu'on y voit en même tems des boutons de fleurs, des fleurs épanouies, des fruits qui nouent, d'autres verts, d'autres qui commencent à rougir, & d'autres qui font mûrs.

Cerafus vulgaris duplici flore.

Le Cerisier à fleur femi-double. Il ne mérite d'être cultivé que pour fa fleur ; fon fruit qui noue rarement eft de moyenne groffeur, d'un rouge clair, peu charnu & fort acide.

Cerafus vulgaris flore pleno fterili.

Le Cerisier à fleur double. Quoiqu'il ne rende point du tout de fruit, fa fleur plus double le rend préférable au précédent.

LES PRUNIERS.

Prunus fructu parvo, longo, cereo, præcoci.

La Prune jaune hâtive, ou *Prune de Catalogne.* Elle eft petite ; fa chair eft molaffe & un peu groffiere, mais fon eau eft fucrée, quelquefois un peu mufquée ; on fait de bonnes compotes de ce fruit : expofé en efpalier, il mûrit au commencement de Juillet, & en plein vent vers le milieu de ce mois.

Prunus fructu parvo, ova-

La Précoce de Tours. Celle-ci eft noire, pareillement ovale ; fon eau eft agréable & affez abondante, ayant un peu de parfum ; cette Prune mûrit avant la mi-Juillet.

LE MONSIEUR HATIF. C'eſt une variété du Monſieur de la fin de Juillet, dont il diffère peu, ſinon par ſa maturité ; celui-ci précédant l'autre de quinze jours ; il eſt moins rond & d'une couleur plus foncée. — Prunus fructu magno ſubrotundo, ſaturè violaceo, præcoci.

LA GROSSE NOIRE HATIVE, dite *Noire de Montreuil.* On confond quelquefois à tort cette Prune avec le gros Damas de Tours. Sa chair eſt ferme, aſſez fine ; ſon eau eſt agréable, relevée de parfum ; elle eſt plutôt violette que noire : le tems de ſa maturité eſt à la mi-Juillet. — Prunus fructu medio, longo, pulchrè violaceo, præcoci.

LE GROS DAMAS DE TOURS. Ce fruit eſt de moyenne groſſeur, de forme allongée, de couleur violette foncée ; ſa chair eſt ferme & fine, ſon eau ſucrée tient du parfum des bons Damas ; la peau eſt adhérente à la chair, & y donne un peu d'aigreur ; le noyau y tient auſſi ; cette Prune mûrit au tems de la précédente. — Prunus fructu medio, longulo, ſaturè violaceo.

LA PRUNE DE MONSIEUR. L'arbre produit beaucoup de fruit dont la chair eſt fine & fondante, ayant acquis ſa parfaite maturité ; ſi le Prunier n'eſt pas dans une terre chaude & légere, l'eau en eſt un peu fade : cette Prune groſſe, ronde & d'un beau violet, mûrit à la fin de Juillet. — Prunus fructu magno, globoſo, pulchrè vioacco

LA ROYALE DE TOURS. Elle eſt groſſe, applatie, en partie rouge & en partie violette ; ſa chair eſt fine & très-bonne, ſon eau abondante, ſucrée & relevée ; ce fruit eſt excellent, quand on ne lui laiſſe pas acquérir ſur l'arbre ſa parfaite maturité. — Prunus fructu magno, ſubrotundo, compreſſo, hinc violaceo, indè rubello.

LA DIAPRÉE VIOLETTE. Cet arbre eſt fertile, la chair de ſon fruit eſt ferme & délicate, ſon eau eſt ſucrée & agréable : cette Prune mûrit au commence- — Prunus fructu medio, longiori violaceo.

ment d'Août ; elle est très-charnue & fort bonne,
de forme allongée & de moyenne grosseur.

Prunus fructu medio, ovato, hinc sature, inde pallide rubro.

LE DAMAS ROUGE. Il est assez gros, de forme
ovale ; sa couleur est rouge foncé en dessus & rouge
pâle en-dessous ; sa chair fine est fondante, point
molasse ; son eau est sucrée, son noyau quitte la
chair ; mais ce fruit qui mûrit à la mi-Août, est un
peu sujet à être vereux, & l'arbre en rapporte peu.

Prunus fructu parvo, undique compresso, saturatiùs violaceo.

LE DAMAS MUSQUÉ. Sa chair est ferme ; son eau
abondante est d'un goût relevé & musqué ; son noyau
quitte la chair. Cette Prune nommée encore *Prune
de Chypre* ou *de Malthe*, mûrit au tems de la précédente : elle est petite, comprimée de tous côtés,
& d'un violet foncé.

Prunus fructu magno, subrotundo-compresso, dilute violaceo.

LA PRUNE ROYALE. Elle est grosse, de forme
ronde, applatie : sa peau est colorée d'un violet gai,
& sa chair d'un vert clair & transparent, elle est
ferme & fine, son eau a un goût très-relevé tenant
de celui des Perdrigons, le noyau ne tient point à
la chair ; dans sa maturité elle suit la précédente.

Prunus fructu parvo (vel minimo) rotundo oblongo, succineo colore.

LA MIRABELLE. Cet arbre donne beaucoup de
fruit par bouquet, dont la chair est ferme & un peu
seche, si elle n'est bien mûre ; son eau est sucrée,
son noyau qui est tendre ne tient point à la chair :
cette Prune mûrit vers la mi-Août ; elle est assez bonne
crûe, mais sur-tout, quoique très-petite, fort estimée
pour les confitures & les compotes, prenant un parfum délicieux dans le sucre ; on en fait aussi de jolis
pruneaux ; la petite Mirabelle est un peu plus jaune,
plus hâtive, mais plus séche.

Prunus fructu parvo, rotundo, flavo, maculis rubris consperso.

LE DRAP D'OR, ou *la Mirabelle double*. Sa chair
est fondante & très-délicate, son eau est fort sucrée
& d'un goût très-fin ; son noyau quitte la chair :
cette Prune transparente mûrit vers la mi-Août ; elle

est mouchetée de taches rouges & plus ronde que la Mirabelle.

L'*Impériale violette*. Elle est ovale & grosse, sa chair ferme, un peu séche & transparente, son eau est sucrée & relevée, son noyau pointu n'est point adhérent à la chair ; cette Prune mûrit vers le vingt d'Août.

Prunus fructu magno, ovato, dilute-violaceo.

Le *Damas violet*. Ce fruit, au nombre des bons, mûrit à la fin d'Août ; sa chair est ferme, son eau sucrée ayant un peu d'aigre ; le noyau tient à la chair par un point sur le côté.

Prunus fructu medio, longo, violaceo.

Le *Damas-Dronet*. Cette petite Prune est allongée, d'un vert blond ; sa chair est transparente, ferme & fine, son eau sucrée, d'un goût agréable ; elle est excellente & mûrit à la fin d'Août.

Prunus fructu parvo, longo, e viridi flavescente.

Le *Damas d'Italie*. L'arbre est fertile ; l'eau de son fruit est sucrée & de fort bon goût, son noyau tient peu à la chair ; c'est une très-bonne prune, de moyenne grosseur, de forme presque ronde & colorée d'un beau violet ; elle mûrit à la fin d'Août.

Prunus fructu medio, prope rotundo, dilute violaceo.

Le *Damas de Maugerou*. Cet arbre donne beaucoup de fruits presque ronds & gros, dont la chair & ferme, l'eau sucré & agréable ; le noyau quitte la chair, cette Prune est excellente, mais un peu sujette aux vers ; sa couleur est un beau violet moucheté de points roux ; elle mûrit au tems de la précédente.

Prunus fructu magno prope rotundo, dilute violaceo, punctis fulvis distincto.

Le *Damas noir tardif*. L'eau de ce fruit est abondante & agréable, quoiqu'elle ait un peu d'aigreur ; son noyau ne tient point à la chair : cette prune mûrit à la fin d'Août ; elle est longuette.

Prunus fructu parvo, longulo, nigricante.

Le *Perdrigon violet*. Il faut mettre cet arbre

Prunus fructu medio lon-

gulo , e pulchre violaceo rubefcente punctis flavis diftincto.

en efpalier , parce qu'il noue difficilement en plein vent ; fon fruit de forme allongée, a la peau d'un violet rougeâtre, piquetée de points jaunes ; fa chair eft fine & délicate, fon eau fort fucrée, d'un goût très-relevé & d'un parfum qui lui eft propre ; fon noyau eft adhérent à la chair ; c'eft en quoi il diffère le plus du précédent & par fa couleur.

Prunus fructu medio, oblongo , hinc fature , inde dilute violaceo , punctis fulvis confperfo.

LE PERDRIGON NORMAND. Ce Prunier eft vigoureux ; mais fes fleurs font un peu fujettes à couler ; fes fruits font de moyenne groffeur, de forme un peu allongée & colorés d'un violet charmant d'un côté & d'un violet brun de l'autre ; toute leur furface eft mouchetée de taches jaunes : ils ont la chair ferme, fine & délicate, font abondants en eau douce & relevée : ces Prunes font au rang des bons fruits.

Prunus fructu magno , paululùm compreffo , viridi , notis cinereis & rubris confperfo.

LA DAUPHINE, ou *groffe Reine-Claude* , nommée auffi *Verte-bonne* & *Abricot vert.* L'arbre eft fertile & vigoureux ; on fait que la Reine-Claude eft groffe, ronde , un peu applatie , verte dehors & dedans, marquée de taches cendrées & de taches rouges ; la chair de ce fruit eft très-fine, délicate & fondante, fans être mollaffe ; fon eau eft abondante, fucrée & d'un goût excellent ; fon noyau tient à la chair par l'arrête & par un petit endroit fur chaque côté de fon plat : cette Prune mûrit au tems des dernieres précédentes ; elle paffe à bon droit pour la meilleure des Prunes, pour être mangée crue ; on en fait de bonnes compotes & de belles confitures.

Prunus fructu magno , longiori , dilute violaceo.

LA PRUNE JACINTE. Le fruit de cet arbre plein de vigueur eft d'un violet clair, de forme allongée ; fa chair eft ferme fans être fèche, fon eau eft affez relevée & un peu aigrelette ; le noyau tient à la chair par quelques endroits fur le côté.

Prunus fructu quàm ma-

L'IMPÉRIALE BLANCHE. Ce Prunier produit peu de fruit & qui n'a pour partage que la beauté ; la prune est presque de la grosseur & de la forme d'un œuf de Dinde , & seulement propre à faire des compotes, avec beaucoup de sucre, son eau étant aigre & désagréable.

LA PETITE REINE-CLAUDE. Elle mûrit au commencement de Septembre , & quoiqu'inférieure à la Dauphine , elle est au rang des bonnes Prunes ; son arbre donne aussi beaucoup de fruit, qui n'est pas aussi gros, & de couleur plus pâle, dont l'eau est sucrée, mais moins relevée que celle de la Dauphine ou belle Reine-Claude ; sa chair est ferme & un peu sèche, souvent assez fondante, mais un peu grossiere, & quelquefois un peu pâteuse.
Prunus fructu medio, totudo compresso, e viridi albido.

LE PRUNIER à fleur semi-double. Cet arbre est une varieté de la Dauphine ; il produit moins de fruit, il mérite plus d'être cultivé pour sa fleur que pour son fruit qui est de moyenne grosseur & dont la chair est plus grossière que celle de la petite Reine-Claude ; son eau devient très-fade dans son extrême maturité. Son noyau tient à la chair.
Prunus flore semi-duplici.

LE PETIT DAMAS BLANC. Ce blanc n'est qu'un jaune verdâtre ; sa forme est assez ronde, la chair de ce fruit est succulente , son eau est assez abondante & agréable, quoiqu'ayant un petit goût de Sauvageon ; son noyau n'est point adhérent à la chair.
Prunus fructu parvo, subrotundo, e viridi cereo.

LE GROS DAMAS BLANC. La chair de ce fruit tient de celle du petit Damas ; son eau est plus douce & meilleure, sa forme est allongée.
Prunus fructu medio , oblongo, e viridi cereo.

LE PERDRIGON BLANC. Ce Prunier, sujet à couler, convient en espalier ; la chair de son fruit est transparente, fine & fondante quoique ferme ; son eau a un parfum qui lui est propre ; elle est si sucrée que le fruit étant mûr paroît au goût comme confit, son noyau quitte la chair ; le Perdrigon blanc est
Prunus fructu parvo, ovoïdali, e viridi albido , maculis rubris ad solem distincto.

petit & ovoïde, sa couleur est un blanc-verdâtre dans lequel le soleil découvre des taches rougeâtres. De cette excellente Prune bonne crue & confite, on fait des pruneaux séchés au soleil qu'on nomme Brugnoles; les meilleurs venants d'un village de Provence ainsi nommé : elle mûrit comme les précédentes au commencement de Septembre.

Prunus fructu magno, rotundo compresso, hinc e viridi albido, inde nonnihil rubente.

LA PRUNE ABRICOTÉE. Sa chair ferme est abondante en eau quand le fruit est bien mûr, elle est sucrée & musquée, son noyau ne tient point à la chair; cette Prune, qui est fort bonne, est de forme ronde, applatie, de couleur vert-pâle avec un soupçon de rouge.

La Prune-Abricot est plus rouge que celle-ci, sa peau est plus jaune tiquetée de rouge, sa chair est aussi plus jaune & plus séche.

Prunus fructu parvo, ovato longo, e viridi albido.

LA DIAPRÉE BLANCHE. Elle est plus petite que la rouge, de forme ovale, allongée, de couleur verte pâle, son eau très-sucrée & d'un goût relevé très fin, sur-tout si l'arbre est en espalier.

Prunus fructu medio, longiori cerasi colore, punctis fuscato.

LA DIAPRÉE ROUGE, ou *Roche - Corbon.* Cette Prune de moyenne grosseur & allongée est en effet couleur de Cerise diaprée de roussâtre; elle a la chair ferme & fine, son eau est abondante, d'un goût relevé & très-sucré; son noyau quitte la chair.

Prunus fructu medio, oblongo compresso, luteolo.

L'IMPÉRATRICE BLANCHE. La chair de cette Prune est ferme, son eau est sucrée & agréable; son noyau quitte bien la chair; elle est charnue & bonne, jaunette, de moyenne grosseur & applatie sur sa longueur.

Prunus fructu quàm maximo, ovato, luteo.

LA DAME-AUBERT, ou *Grosse luisante.* Elle n'est propre qu'en compotes en prévenant son extrême maturité; ce fruit est jaune, ovale & prodigieusement gros.

L'Ile verte, ou *Ilevert*. Sa chair est grossiere & molasse, son eau est aigre, cependant sucrée, mais ayant un goût de sauvageon qui n'est pas agréable ; cette Prune qui est grosse & très-allongée, n'est bonne qu'en compottes & en confitures.

Prunus fructu magno, longissimo viridi.

Le Perdrigon rouge. L'arbre est fertile, le fruit est petit, ovoïde, d'un beau rouge, couvert de points jaunes ; sa chair est fine & ferme, son eau abondante, sucrée & relevée ; ce fruit est excellent, son noyau se détache aisément.

Prunus fructu parvo, ovoidali, pulchre rubro, punctis fulvis consperso.

La Sainte-Catherine. Elle est de forme longue & de couleur de cire, délicate étant bien mûre ; son eau est sucrée, fort agréable ; son noyau ne tient nullement à la chair ; cette Prune est excellente & mûrit à la mi-Septembre.

Prunus fructu medio, oblongo, cereo.

La Prune de Chipre. Sa chair est ferme, son eau est assez abondante & sucrée, elle a un peu d'aigreur & un goût de sauvageon ; ce fruit est néanmoins bon dans son extrême maturité ; son noyau tient peu à la chair ; cette Prune ronde est fort grosse & d'un violet clair.

Prunus fructu maximo, rotundo, dilute violaceo.

La Prune Suisse. L'arbre est fertile, la chair de son fruit est peu ferme, son eau est abondante, très-sucrée, d'un goût relevé & agréable ; son noyau est adhérent par quelques endroits : cette Prune dure tout le mois de Septembre ; elle est de grosseur médiocre, bien ronde & d'un beau violet.

Prunus fructu medio, globoso, pulchre violaceo, serotino.

La Bricette. Cette petite Prune se termine en pointe aux deux extrémités, ayant le côté de la tête plus allongé que celui de la queue ; sa peau est d'un vert jaunâtre, sa chair ferme, son eau assez abondante, un peu aigrelette ; son noyau ne tient point à la chair : cette Prune dure longtemps, car dans certaines années les premieres mûrissent au commen-

Prunus fructu parvo, longioti, utrinque acuto, e viridi luteo.

cement de Septembre, & les dernieres à la fin d'Octobre.

Prunus fructu parvo, oblongo, satura violaceo, serotino.

LE DAMAS DE SEPTEMBRE, ou *Prune de Vacance.* Ce prunier manque peu de donner du fruit, il est petit, allongé & d'un violet foncé ; la chair en est cassante, aqueuse dans les automnes chauds ; son eau est d'un goût relevé, agréable sans aigreur : le noyau de cette Prune quitte la chair, elle mûrit à la fin de Septembre.

Prunus fructu medio, longiori, utrinque acuto, pulchre violaceo, serotino.

L'IMPÉRATRICE VIOLETTE. Sa chair est ferme & délicate, son eau est douce, peu relevée. Cette Prune mûrit en Octobre ; elle est de grosseur médiocre & pointue par les deux bouts.

LES ABRICOTIERS.

Armeniaca fructu parvo, rotundo, partim rubro, partim flavo præcoci.

L'ABRICOT PRÉCOCE, ou *Abricot hâtif musqué.* La chair de cet Abricot quitte le noyau, son eau est abondante ; on croit y trouver un petit goût de musc ; sa peau jaune se colore d'un peu de rouge : il mûrit au commencement de Juillet.

Armeniaca fructu parvo, rotundo, albido, præcoci.

L'ABRICOT BLANC, dit *Abricot-Pêche.* Ce fruit, qui mûrit à-peu-près au tems du précédent, a la chair fine & délicate, adhérente au noyau ; son eau est abondante, douce, peu relevée, ayant un petit goût de Pêche.

Armeniaca vulgaris fructu majori.

L'ABRICOT COMMUN. La chair de ce fruit est un peu pâteuse, & son eau peu relevée : il mûrit vers la mi-Juillet.

Armeniaca fructu parvo, oblongo nucleo dulci.

L'ABRICOT ANGOUMOIS. Il est petit, de forme allongée ; sa chair est rougeâtre, assez fondante ; son eau est vineuse, d'un goût relevé & fort agréable ;

fon noyau quitte la chair, l'amande eft agréable à manger, on y trouve un petit goût d'aveline nouvelle : il mûrit vers la mi-Juillet.

L'ABRICOT DE HOLLANDE, nommé auffi *Amande-Aveline*. Cet Abricot, qui eft un des meilleurs, mûrit vers la fin de Juillet, fa chair eft fine, fon eau eft d'un goût relevé & excellente, fon amande douce a un goût d'Aveline & un arrière-goût d'Amande douce très-agréable.

Armeniaca fructu parvo, rotundo nucleo dulci amygdalinum fimul & avellaneum faporem referente.

L'ABRICOT DE PROVENCE. Ce fruit eft petit & de forme applatie, on y trouve une eau vineufe d'un goût fin & relevé, fon noyau contient une amande douce : il mûrit à la mi-Juillet.

Armeniaca fructu parvo, compreffo, nucleo dulci.

L'ABRICOT DE PORTUGAL. Sa chair eft fine & délicate, un peu adhérente au noyau ; fon eau eft abondante, d'un goût relevé ; ce fruit, qui paffe pour un des meilleurs, mùrit vers la mi-Août ; il eft jaune & bien coloré de rouge.

Armeniaca fructu parvo, rotundo, hinc flavo, inde rubefcente.

L'ABRICOT VIOLET. Il n'a qu'en partie cette couleur ; le deffous du fruit eft d'un jaune rougeâtre ; mais fa chair imite celle du melon à chair rouge ; fon eau fucrée & affez relevée n'eft point abondante ; fon noyau adhérent à la chair contient une amande fort douce : ce fruit, toutes fois plus curieux que bon, mûrit au commencement d'Août. L'Abricot noir paroît en être une variété.

Armeniaca fructu parvo, compreffo, hinc violaceo, inde flavo rubefcente, nucleo dulci.

L'ABRICOT-ALBERGE. Cet Abricot eft applati, d'un jaune rouffâtre d'un côté & verdâtre de l'autre ; fa chair, qui eft teinte de rouge, eft tendre, prefque fondante, d'un goût vineux, relevé, mêlé d'un peu d'amertume qui n'eft pas défagréable : fa maturité eft à la mi-Août.

Armeniaca fructu parvo, compreffo, e flavo hinc non nihil rubefcente, inde virefcente.

L'ABRICOT DE NANCI. La chair de ce fruit très-

Armeniaca

fructu maximo, compreſſo, hinc flavo, inde rubeſcente.

fondante ne devient ni ſèche, ni pâteuſe dans ſon extrême mâturité ; ſon eau eſt abondante, d'un goût relevé, très-agréable & particulier à cet abricot : cet excellent & beau fruit mûrit à la mi-Août ; il eſt nommé par quelques-uns *Abricot-Pêche*. Il eſt très gros, un peu plat, d'un jaune foncé & rougit du côté du ſoleil.

LES NEFLIERS.

Meſpilus germanica folio laurino non ſerrato.

Le Neflier des bois ne ſe tranſplante dans les jardins que pour recevoir les greffes de Poiriers & d'autres arbres de ſa famille. Son fruit eſt cependant meilleur que la groſſe Nèfle.

Meſpilus folio laurino, fructu ſine oſſiculis.

Le Neflier sans noyau. Ses fruits que la culture rend un peu plus gros que les Nèfles des bois, ſont préférables à tous ceux de cette eſpèce, étant délicats, prompts à mollir entiérement & ſans noyaux.

Meſpilus folio laurino major.

Le Neflier cultivé a gros fruit noir eſt beaucoup plus grand que les deux précédens. Si ſon fruit a l'avantage de la groſſeur, il n'a pas celui de la bonté ; l'art eſt néceſſaire pour le faire mollir.

LES POIRIERS.

Pyrus fructu parvo, pyriformi, glabro, citrino, præcoci.

L'Amiré'e Joannet. Sa chair eſt tendre, ſon eau abondante eſt un peu relevée ; cette Poire mûrit à la fin de Juin ; elle eſt petite, bien faite, liſſe & de couleur citrine.

Pyrus fructu minimo, præcoci.

Le petit Muscat, dit *Sept-en-gueule*. L'arbre ſe plaît en plein vent dans un terrein ſec ; ce petit fruit mûrit au commencement de Juillet ; il eſt eſtimé à cauſe de ſa primeur ; ſa chair demi-beurrée n'eſt pas bien fine, son eau est d'un goût relevé & musqué fort agréable.

L'AURATE. Cette Poire petite & faite en courge est d'un beau jaune, teint de rouge en partie; sa chair demi-beurrée est un peu sèche; son pepin est au milieu de quelques pierres; son eau est un peu relevée : elle mûrit en Juillet.

Pyrus fructu parvo, cucurbitato, hinc luteo, inde dilute rubro, æstivo.

LE MUSCAT ROBERT, autrement *Poire à la Reine,* ou *Poire d'ambre.* Sa peau est lisse, d'un vert blond : sa chair est tendre, fine, fondante, presque sans marc, abondante en eau sucrée & d'un goût bien relevé : cette Poire mûrit à la mi-Juillet.

Pyrus fructu medio, pyriformi, glabro, e viridi flavescente æstivo.

LE MUSCAT FLEURI. Cette Poire est fort petite, plus platte que ronde; sa peau est lisse, d'un vert blond & qui prend du rouge au soleil; sa chair demi-beurrée laisse du marc dans la bouche; son eau peu relevée est un peu musquée : elle mûrit après la mi-Juillet.

Pyrus fructu minimo, globoso, compresso, glabro, partim e viridi lutescente, partim rubescente, æstivo.

LA MADELAINE, dite *Citron des Carmes.* Elle est assez grosse & d'un vert jaune ou citron; sa chair est fine, fondante & sans pierres; elle abonde en eau douce d'un aigrelet fin & d'un parfum qui la rend agréable : elle mûrit au mois de Juillet, & mollit en peu de tems.

Pyrus fructu medio, turbinato, e viridi æstivo.

LA POIRE DE HASTIVAU. La chair de cette Poire est demi-beurrée, laisse du marc dans la bouche; ce fruit mûrit vers la mi-Juillet : il est joli, mais pas excellent; très-petit, en toupie applatie, lisse & de couleur jaune.

Pyrus fructu minimo, turbinato, compresso, glabro, luteo, æstivo.

LE ROUSSELET HATIF, ou *la Poire de Chypre.* Il se trouve souvent du sable autour des pepins; sa chair est demi-cassante; son eau est très-parfumée & sucrée; son rouge n'est pas des plus foncés, & son vert est fort blond,

Pyrus fructu parvo, pyriformi, hinc inteate rubro, inde flavo, æstivo.

Pyrus fructu medio, longissimo, splendente partim e viridi flavescente, partim sub-obscure rubro, æstivo.

LA *Cuisse-Madame.* Elle abonde en eau sucrée & un peu musquée, sa chair est demi-beurée : cette Poire mûrit à la fin de Juillet : elle est de médiocre grosseur, extraordinairement alongée, & sa peau lustrée est en partie d'un vert blond, en partie d'un rouge brun.

P. fr. parvo, pyriformi, glabro, partim ex albido flavescente, partim dilutiùs rubro, æstivo.

LE GROS BLANQUET, ou *la Blanquette* est cependant encore petite, mais bien faite ; elle a la peau mi-partie d'un blanc blond & d'un beau rouge, la chair cassante, l'eau sucrée & relevée ; elle mûrit à la fin de Juillet.

P. f. parvo, turbinato. glabro, partim ex albido flavescente, partim dilute rubro æstivo.

LE GROS BLANQUET ROND. Cette Poire n'est pas plus grosse que l'autre, sa forme est plus en toupie ; elle a les mêmes couleurs, sa chair est assez délicate ; son eau a un parfum agréable.

Pyrus fructu medio, longissimo subviridi, maculis fulvis distincto, æstivo.

L'ÉPARGNE, ou *Beau présent*, ou *Poire de Saint-Samson.* La chair de cette Poire est fondante, son eau est relevée, d'un aigrelet fin très-agréable ; elle mûrit au commencement d'Août : sa grosseur est médiocre, sa forme très-alongée, sa couleur d'un vert pâle, tachetée de marques roussâtres.

Pyrus fructu medio, turbinato, lucido, partim flavo, partim intente rubro, æstivo.

L'OGNONET, *Archiduc d'Eté*, ou *Amiré roux.* Cette Poire, comme son nom le porte, est plus applatie qu'une Pomme : elle a la peau luisante, jaune & rouge, sa chair est demi-cassante, quelquefois pierreuse ; son eau est relevée d'un goût rosat : elle mûrit en Juillet & Août.

Pyrus fructu parvo, pyriformi, subflavescente, æstivo.

LA POIRE DE SAPIN est petite, bien faite & assez blonde ; sa chair est un peu grossière ; son eau est assez relevée & parfumée.

P. fructu medio, umbilico compresso, & quasi gemino, æstivo.

LA POIRE A DEUX TETES est de moyenne grosseur & ronde ; son ombilic serré qui semble être double, lui a fait donner ce nom ; elle est commune, mais peu délicate ; son eau est abondante & un peu parfumée.

LA

LA BELLISSIME D'ÉTÉ, ou *Suprême*. Cette Poire petite, mais bien faite, est d'un côté d'un brun rouge foncé, citrine de l'autre, rayée de lanieres rougeâtres ; sa chair est demi-beurrée ; le point de sa maturité passé, elle ne tarde pas à mollir, ou à devenir cotonneuse : quoique son eau soit peu relevée, elle est douce & fort agréable.

P. fr. parvo, ferè pyriformi, hinc pulchrè & saturè rubro, indè citrino, tæniolis rubellis virgato, æstivo.

LE BOURDON MUSQUÉ est petit ; il a la forme d'une orange, & sa couleur est un vert gai ; sa chair est blanche, grossière & cassante ; elle est abondante en eau sucrée & musquée.

Pyrus fructu parvo, aurantii formâ, subrotundo, dilutè viridi, æstivo.

LE BLANQUET *à longue queue*. Sa chair est demi-cassante, blanche & fine ; son eau abondante, sucrée, relevée d'un parfum agréable. Cette Poire lisse & blanche est petite & fort alongée du côté de la queue.

P. fr. parvo, pyriformi acuto, glabro, albido, æstivo.

LE PETIT BLANQUET, ou *Poire à la Perle*. Elle en a la forme, la couleur, & est extrêmement petite ; sa chair est blanche, fine, demi-cassante, son eau fort agréable.

P. f. minimo, Elenchi formâ, glabro, ex albido flavescente, æstivo.

LE GROS HASTIVAU *de la Forêt*. C'est une petite Poire qui a la chair ferme, même un peu sèche ; elle mûrit vers la mi-Août ; sa peau est de trois couleurs, vert blond, rouge vif & rouge foncé.

P. f. parvo, turbinato, glabro, hinc viridi subflavescente, inde saturè & splendidè rubro, æstivo.

LA POIRE D'ANGE. Elle est petite, formée en toupie, elle a la peau jaunâtre, la chair fine, demi-cassante ; son eau est bien musquée.

P. fr. parvo turbinato, e viridi subflavescente, æstivo.

LA POIRE SANS PEAU, ou *Fleur de Guignes*. Sa chair est fondante & aqueuse ; son eau très-bonne, douce & parfumée. Elle est de moyenne grosseur, bien faite, un peu alongée, de deux couleurs vert pâle & blond, marquée de taches sanguines peu sensibles.

P. f. medio, pyriformi longo, partim pallidè viridi, partim flavo, maculis sanguineis evanidis consperso, æstivo.

C

P. f. parvo, fere pyriformi obtufo, hinc citrino, inde fature rubro, æftivo.

LE PARFUM D'AOUST. Sa couleur eft un jaune citron coloré en partie d'un rouge foncé ; fa chair eft un peu grofliere ; mais fon eau eft abondante & bien mufquée.

P. f. medio, pyriformi, melino, inde dilutiùs rubente, æftivo.

LA CHAIR A DAME, fuivant d'autres, *Chere Adame.* Cette Poire bien faite & de moyenne grofleur eft en deflus d'un rouge clair, & d'un jaune rouge en deflous ; fa chair eft demi-caflante, aflez fine, fon eau douce, relevée d'un petit parfum agréable.

P. fr. medio, turbinato-truncato, glabro part. e viridi flavefcente, part. intenfe & fplendide rubro, æftivo.

LE FIN OR D'ETÉ. Elle eft médiocre, faite en toupie tronquée ; fa peau lifle eft d'un vert blond en deflous, & par deflus d'un rouge foncé, mais brillant ; fa chair eft fine, demi-beurrée ; fon eau n'eft pas défagréable.

P. f. magno, fubrotundo, comprello, partim e viridi flavefcente, partim dilute rofeo, æftivo.

L'EPINE-ROSE, ou *Poire de Rofe.* Sa chair eft tendre & demi-fondante, fon eau mufquée & fucrée ; elle eft grofle, ronde, un peu applatie, d'un vert blond & teinte de rofe.

P. fr. medio, rotundo, cerino, maculis rufis diftincto, æftivo.

LE SALVIATI. Cette Poire eft moyenne, ronde, d'un jaune de cire tacheté de roux ; fa chair excellente eft demi-beurrée & fans marc ; fon eau eft fucrée & d'un parfum agréable.

P. fr. medio, aurantii formâ, paululùm comprefo, papulato, viridi, æftivo.

LA POIRE D'ORANGE MUSQUÉE. C'eft par fa forme & fa peau grainue qu'elle tient de l'Orange ; fa couleur eft verte, fa chair eft caflante ; elle devient cottonneufe, fi elle n'eft cueillie un peu verte ; fon eau eft relevée d'un mufc fort agréable : cette Poire mûrit en Août.

P. f. medio, aurantii formâ, partim cinereo, partim infigni rutilo, æftivo.

LA POIRE D'ORANGE ROUGE. Ce rouge eft une couleur roufle très-vive, mais entrecoupée de cendré. Sa chair demi-caflante fe cotonne aifément. Son eau eft fucrée & un peu parfumée de mufc.

La Robine, ou *Royale d'Eté*. Sa chair est un peu sèche & demi-cassante ; son eau est très-musquée & sucrée ; cette Poire est petite, en forme de toupie applatie, d'un vert blanchâtre. — *P. f. parvo, turbinato-compresso, e viridi subalbido, æstivo.*

La Sanguinole. Cette Poire, bien faite & de moyenne grosseur, a la peau lisse & la chair rouge ; elle est plus curieuse que bonne : elle mûrit à la fin d'Août. — *Pyr. fr. medio, pyriformi glabro, carne rubente, æstivo.*

Le Bon-Chrétien d'Eté musqué. Il est moins gros que le Gracioli, de la forme d'un Coin dont il prend aussi les couleurs ; sa chair est cassante, son eau sucrée, beaucoup relevée & musquée ; cette Poire mûrit au commencement de Septembre ; c'est un beau & bon fruit, mais qui se crevasse quelquefois avant sa maturité. — *P. f. medio, pyramidato, mali cydonii formâ e flavo non nihil rubente, æstivo.*

Le Roy d'Eté, ou *Gros Rousselet*. Sa peau est rude ; le vert en est épais ; sa chair demi-cassante est peu fine, son eau est bonne, parfumée & un peu aigrelette. — *P. f. medio, pyriformi acuto, scabro, hinc spissius virente, inde obscure rubente, æstivo.*

La Poire d'Œuf. Elle a la forme d'un œuf, & est à-peu-près de même grosseur ; sa chair est fine, tendre & assez fondante ; son eau est sucrée, douce & agréable au goût. — *P. fr. parvo, ovi formâ, æstivo.*

La Cassolette, ou *le Friolet, Muscat vert, & Leschefrion*. La chair de cette Poire est fine & cassante, son eau sucrée & musquée ; elle est petite, bien faite, en partie d'un vert blond, & en partie d'un beau rouge. — *P. f. parvo, pyriformi, partim e viridi subflavescente, partim dilute rubente, æstivo.*

La Grise-bonne. Cette Poire médiocre est formée en courge ; mais alongée, d'un vert cendré, moucheté de points blanchâtres : sa chair est fondante, un peu beurrée. — *P. f. medio, longo-cucurbitato, e viridi cinerea punctis subalbidis distincto, æstivo.*

P. fr. parvo, turbinato, scabro, e cinereo fulvastro, æstivo.

LE *MUSCAT ROYAL*. Cette petite Poire a la peau rude & brune ; sa chair, sans être fine, est demi-beurrée ; son eau est douce & musquée.

P. fr. parvo, pyriformi, partim flavo, partim pulchrè rubro æstivo.

LA *JARGONELLE*. Sa chair est fine, demi-cassante ; son eau est un peu musquée ; elle est petite, mais bien faite, blonde & teinte de rouge.

P. f. parvo, pyriformi, partim viridi, partim obscurè rubente æstivo.

LE *ROUSSELET DE REIMS* à la forme & la couleur des Rousselets, sa chair demi-beurrée, assez fine, est excellente ; son eau a un parfum délicat, un goût agréable & un peu musqué. Les terres légères conviennent beaucoup à ce Poirier.

P. fr. medio, ferè pyriformi obtuso, hinc citrino, inde rubello & punctis rubris distincto, æstivo.

LA *POIRE D'AH ! MON DIEU*, ou *la Poire d'Amour*. Ses belles couleurs l'ont pû faire ainsi nommer ; elle est en dessous d'un beau citron, d'un rouge pâle en dessus avec des mouchetures plus rouges ; elle est bien faite, un peu camuse & de moyenne grosseur ; sa chair demi-cassante est fine, son eau abondante & sucrée.

P. fr. magno, pyriformi glabro, lætè virente, maculis dilutè rubris distincto, æstivo.

LE *FIN OR DE SEPTEMBRE*. La chair de cette Poire est beurrée & fine, son eau a un aigrelet agréable ; elle est plus grosse & mieux faite que celle d'été, d'un vert gai, moucheté de taches d'un beau rouge.

P. fr. medio, pyriformi, cucurbitato, glabro lucido, partim lætè virente, partim dilutè rubescentè, æstivo.

L'*INCONNUE CHENEAU*. Cette Poire, dite aussi *Fondante de Brest*, a la chair fine, cassante ; son eau est sucrée & relevée d'un petit aigrelet fin, assez agréable : elle est bien faite, un peu en bouteille, sa peau lisse est luisante, d'un vert gai, teinte en partie d'un beau rouge.

P. fr. medio, pyriformi-longo, viridi, versùs pediculum flavescente, æstivo.

L'*ÉPINE D'ÉTÉ*, ou *Fondante musquée*. Elle est bien faite, alongée, de couleur verte & blonde du côté de la queue ; sa chair est fondante, assez fine ; son eau est relevée & très-musquée : c'est une bonne Poire ; Louis XIV lui en donnoit le nom.

La Poire-Figue. Sa grosseur, sa forme & sa couleur lui font donner ce nom ; sa chair fondante est assez fine ; son eau est douce & sucrée.

P. fr. medio, pyriformi longiori, glabro, obscure viridi, æstivo.

Le Bon-Chrétien d'Eté, ou *Gracioli*. Sa chair est tendre, abondante en eau sucrée ; elle est d'un jaune agréable, grosse, sa forme pyrmidale, un peu camuse, avec un petit renflement, plaît aussi.

P. fr. magno, pyramidato-obtuso, paululùm cucurbitato, glabr. flavo, æstivo.

L'Orange Tulipe'e, ou *Poire aux mouches*. Cette Poire d'Orange, qui est grosse & ovoïde, porte le nom de Tulipée à cause de ses rayures d'un rouge gai sur un fond en partie vert, en partie rouge foncé ; sa chair succulente est assez fine ; quoique son eau soit légérement âcre, elle n'est pas désagréable.

P. fr. magno ovoïdali, partim viridi, partim obscurè rubro, tæniolis dilutiùs rubris, virgato, æstivo.

La Bergamotte d'Eté, autrement *le Milan de la Beuvriere*. Sa peau rude est d'un vert gai, mouchetée de points roux ; cette Poire est grosse, en toupie, sa chair est demi-beurrée, assez fondante & sujette à cotonner, si le fruit n'est cueilli un peu vert ; on trouve dans son eau un aigre-fin agréable.

Pyr. fructu magno, turbinato, scabro, lætè virente, punctis fulvis distincto, æstivo.

La Bergamotte rouge, ou *Crasanne d'été*. Elle est de grosseur au-dessous du médiocre, sa forme en toupie comprimée, la couleur partie jaune & partie rouge ; la chair de cette Poire est assez fondante, elle mollit promptement lorsqu'elle a mùri sur l'arbre ; son eau est relevée & parfumée : elle est bonne vers la mi-Septembre, parfaite en compotes.

Pyr. fr. vix medio, turbinato compresso, hinc flavo, inde rubro, æstivo.

La Verte longue, ou *Mouille-bouche*. La chair de ce fruit est très-fondante, fine & délicate ; son eau est abondante, douce, sucrée, d'un goût & d'un parfum très-agréable ; il mùrit au commencement d'Octobre.

Pyr. fructu magno, longo, viridi, autumnali.

La Verte-longue panache'e, ou *Suisse*. C'est une variété de la précédente ; outre ses rayures jau-

Pyr. fructu magno, longo, viridi ve-

aiolis luteis virgato autumnali.

nes, elle est moins grosse ; mais elle a d'ailleurs toutes ses qualités.

Pyr. fructu maximo, ovoïdali, acuto, cinereo (aut viridi, aut rubente) autumnali.

LE BEURRÉ. Cette Poire très-grosse & en œuf pointu, est une des plus excellentes : sa chair fondante est fine, délicate & très-beurrée, sans devenir jamais pâteuse ; elle abonde en eau sucrée, relevée d'un goût aigrelet fin très-délicat. Ce fruit délicieux est cendré, quelquefois vert ou rougeâtre.

Pyr. fructu medio, ovoïdali - acuto, longo, glabro, è cinereo, viridi, æstivo.

L'ANGLETERRE, ou *Beurré d'Angleterre.* Elle n'est pas fort grosse ; sa forme plutôt alongée qu'ovale, a une petite pointe, & sa peau lisse est colorée d'un vert cendré.

Pyr. fructu magno, oblongo, citrino, autumnali.

LE DOYENNÉ, ou *Beurré blanc,* dit aussi *Poire de Saint-Michel* & de *Bonne-ente.* La chair de cette Poire est excellente & bien beurrée dans les années sèches ; son eau est sucrée, douce, quelquefois bien parfumée : on sait qu'elle est grosse, un peu alongée, & que sa peau colorée de jaune citron est extrêmement fine.

Pyr. fructu medio, longulo, glabro, citrino, autumnali.

LE BEZI DE MONTIGNI. Sa grosseur est médiocre, sa forme longuette, & sa peau lisse est colorée de Citrin ; la chair de cette Poire est très-abondante & sans pierre ; son eau est relevée d'un musc agréable.

Pyr. fructu magno, rotundo - turbinato, spissiùs viridi, non nihil flavescente, autumnali.

LE BEZI DE LA MOTTE. Il est gros, de forme ronde, un peu en toupie ; sa peau colorée d'un gros vert, jaunit cependant un peu ; sa chair est fondante, sans pierres ; son eau est douce & fort bonne : elle mûrit en Octobre & Novembre.

Pyr. fructu medio, turbinato - subrotundo, tæniis flavis, viridibus & sanguineis virgato autumnali.

LA BERGAMOTTE SUISSE. Cette Poire de moyenne grosseur est assez ronde, un peu en toupie, variée de bandes jaunes, vertes & de couleur de sang ; son eau est sucrée & abondante.

La Bergamotte *d'*Automne tient beaucoup de la précédente ; ſes couleurs ne ſont cependant que blondes & rouſsâtres, & ſa forme eſt plus applatie ; ſa chair beurrée eſt fondante, ſon eau fraîche eſt ſucrée & un peu parfumée : cette Poire mûrit en Octobre, Novembre & quelquefois plus tard ; elle eſt très-bonne.

Pyr. fructu magno, turbinato - compreſſo, partim flaveſcente, partim dilutè rufeſcente, autumnali.

La Bergamotte cadette, dite *Poire de Cadet.* Ce gros fruit, qui eſt preſque fait en toupie, eſt coloré de jaune blond & d'un peu de rouge ; ſa chair & ſon eau ſont agréables.

Pyr. fructu magno ſubturbinato, partim flaveſcente, partim leviter rubente autumnali.

La Poire de Jalousie. Elle eſt groſſe, comprimée ; ſa peau, qui eſt couleur de noiſette, eſt élevée de papilles comme le chagrin ; il faut cueillir ce fruit un peu vert, alors ſa chair ſera très-beurrée & beaucoup moins ſujette à mollir ; ſon eau eſt abondante, ſucrée & relevée d'un parfum excellent.

Pyr. fructu magno, diametro compreſſo, papulato, avellaneo colore, autumnali.

La Poire Franchipanne. Sa chair demi-fondante eſt bonne & ſans marc ; ſon eau douce & ſucrée, d'un goût comparé à celui de la Franchipanne ; elle eſt agréable au goût & flatte beaucoup la vue.

Pyr. fructu medio, longo paululùm cucurbitato, partim citrino, partim intenſè rubro, autumnali.

La Poire de Lansac, *Dauphine* ou *Satin.* Elle eſt au plus de moyenne groſſeur, ronde, ſa peau blonde eſt liſſe & ſatinée ; ſa chair eſt fondante, ſon eau ſucrée, d'un goût agréable & parfumée : elle ſe conſerve ſouvent juſqu'en Janvier.

Pyr. fructu vix medio, rotundo, glabro, flavo, autumnali.

La Poire de Vigne, ou *Poire Demoiſelle.* Il faut la cueillir un peu verte, pour qu'elle ſoit moins ſujette à mollir ; ſa chair eſt beurrée, un peu fondante, ſon eau eſt fort bonne & d'un goût bien relevé ; elle eſt petite, d'un gros vert & à queue extrêmement longue.

Pyr. fructu parvo, ſpiſſiùs cinereo, pediculo longiſſimo, autumnali.

La Pastorale, ou *Muſette d'Automne.* Sa chair

Pyr. fructu

magno, longiori, cinereo, maculis rufis distincto, autumnali.

Pyr. fructu magno subrotundo, obscurè flavescente, (vel cinereo, vel albido) autumnali.

P. fr. medio, longissimo, hinc luteo, inde pulchrè & saturè rubro, autumnali.

Pyr. fructu medio, oblongo, glabro, viridi autumnali.

Pyr. fructu magno, pyramidato-obtuso-incurvo, flavescente maculis fuscato, æstivo.

Pyr. fructu parvo, pyriformi-cucurbitato, autumnali.

Pyr. fructu maximo, pyramidato-acuto, hinc e viridi flavescente, inde splendide rubro autumnali.

est fondante ; son eau est musquée & très-bonne : cette Poire cendrée & tachetée de roux, est grosse & alongée ; elle mûrit en Octobre, Novembre & Décembre.

LE MESSIRE-JEAN DORÉ. Cette Poire est grosse, assez ronde, colorée d'un jaune foncé, quelquefois cendrée ou blanche ; sa chair est cassante, son eau abondante, d'un goût très-relevé & excellent.

LA BELLISSIME D'AUTOMNE, ou *Vermillon.* Elle est de grosseur médiocre, très-longue, colorée de jaune, de rouge vif & de rouge brun ; sa chair est cassante, son eau douce, relevée & abondante.

LE SUCRÉ-VERT, de grosseur médiocre & alongé, a la peau lisse & verte ; sa chair est beurrée ; il a souvent quelques pierres autour des pepins ; son eau est sucrée & d'un goût délicat.

LA MANSUETTE, ou *Poire de Solitaire.* Sa chair demi-fondante est assez fine, son eau abondante relevée d'une légère âcreté ; cette Poire est grosse, de forme pyramidale, camuse & un peu courbée, blonde & marquée de taches rousses. Elle mûrit en Septembre, Octobre, &c.

LA POIRE ROUSSELINE. Le tems de sa maturité est en Décembre : elle est petite & renflée en bouteille ; sa chair est fine, demi-beurrée & délicate ; son eau sucrée, musquée & très-agréable.

LE BON-CHRÉTIEN D'ESPAGNE. Cette Poire, aussi grosse que le Bon-Chrétien, est plus alongée, & a des couleurs plus vives ; elle est plus ou moins bonne suivant les années & les terreins ; elle est sèche, dure & cassante, ou tendre & pleine d'eau, douce & de bon goût.

La Crasanne, ou *Bergamotte Crasanne.* On sait qu'elle est grosse, ronde & d'un vert cendré; sa chair est très-fondante & beurrée; son eau est fort abondante & parfumée; elle est relevée d'une petite âpreté qui ne déplaît pas : tout le monde connoît son mérite.

Pyr. fructu magno, rotundo, e viridi cinereo, autumnali.

La Crasanne pannachée. C'est une variété de la précédente, qui n'en diffère pas par le fruit, si ce n'est qu'il est moins gros.

Pyr. foliis per limbos albis, fructu medio, rotundo, e viridi cinereo, autumnali.

Le Bezi de Cressoi, ou *Roussette d'Anjou.* Elle est petite, arrondie & verte tachetée de roussâtre; sa chair est tendre & beurrée, & son eau fort agréable.

Pyr. fructu parvo, subrotundo, viridi, maculis subfuscato, autumnali.

Le Doyenné gris moins gros, plus court & plus tardif que le Doyenné proprement dit, dont il diffère aussi par sa couleur verte cendrée; sa chair est beurrée, fondante & ne se cotonne point; son eau est très-sucrée & d'un goût fort agréable.

Pyr. fructu medio, subrotundo glabro, e viridi cinereo, autumnali.

La Merveille d'hiver, ou *le petit Oin.* Ce Poirier dans une bonne exposition, donne un excellent fruit; sa chair est d'un beurré très-fin, fondante, sans pierre & sans marc; son eau est sucrée, musquée & d'un goût très-agréable : il est de moyenne grosseur, demi-ovale, sa peau verdâtre est rude au toucher.

Pyr. fructu medio subovato scabro, subviridi, autumnali.

L'Epine d'hiver. La chair de cette Poire est fondante, délicate & d'un beurré très-fin; son eau est douce, musquée & d'un goût délicieux : elle est grosse, longue; sa peau est lisse & d'un vert blanc.

Pyr. fructu magno, longo, glabro, viridi albescente, autumnali.

La Louise-bonne. Cette Poire est grosse, pyramidale; sa peau lisse est d'un vert pâle, sa chair demi-beurrée n'est point sujette aux pierres, ni à mollir; son eau est abondante & douce.

Pyr. fructu magno, pyramidato glabro, e viridi albido, autumnali.

Pyr. fructu medio, pyriformi-acuminato, hinc melino, inde intense rubro, autumnali.

LE MARTIN SEC. On sait que cette Poire bien faite, de moyenne grosseur & pointue par sa queue, est d'un rouge foncé en dessus & d'un jaune rouge en dessous ; sa chair est fine, cassante, son eau sucrée, parfumée & agréable.

Pyr. fructu magno, pyramidato propè pyriformi, flavescente autumnali.

LA MARQUISE. Sa couleur est blonde, sa forme grosse pyramidale avec un renflement assez marqué ; la chair de cette Poire est beurrée & fondante ; son eau est sucrée, douce, rarement musquée.

Pyr. fructu medio, ovato subflavescente autumnali.

L'ECHASSERY, ou *Bezi de Chasserie*. Ce fruit médiocre, ovale, assez blond, a la chair fine, fondante & beurrée, son eau est sucrée, musquée & d'un goût agréable : cette Poire est très-bonne.

Pyr. fructu medio, sub-ovato, albido, autumnali.

L'AMBRETTE a la chair fine & fondante ; son eau est sucrée & excellente, elle est de grosseur médiocre & de forme presqu'ovale.

Pyr. fructu magno, sub-ovoïdali, hinc citrino, inde pulchre rubro, brumali.

LE BEZI DE CHAUMONTEL, ou *Beurré d'hiver.* Sa chair demi-beurrée est fondante & très-bonne ; son eau sucrée est relevée & agréable, le tems de sa maturité varie ; il s'en conserve ordinairement jusqu'à la fin de Février : cette Poire assez grosse, plus courte qu'ovale, a la peau colorée de jaune citron & d'un beau rouge.

Pyr. fructu magno, ovato, glabro, hinc sature rubro, inde dilute viridi, autumnali.

LA POIRE DE VITRIER est grosse, ovale, lisse, mi-partie d'un vert gai & d'un rouge foncé ; sa chair est peu fine, mais son eau d'un goût agréable.

Pyr. fructu magno, longo, incurvo, partim citrino, partim rufescente, brumali.

LA BEQUESNE. Cette Poire grosse, alongée & de forme courbe est très-bonne cuite & en compote ; sa peau est colorée de jaune citron & en partie de roussâtre ; sa chair est moëlleuse, son eau très-abondante est sans âcreté.

P. fr. medio,

LE BEZI D'HERI. Sa grosseur est médiocre ; sa

forme arrondie, sa peau est lisse, en partie jaune & en partie d'un vert blanc : cette Poire n'est passable que dans les bonnes terres fortes.

subrotundo, glab. hinc luteo, inde e viridi subalbido, autumnali.

LE FRANC-RÉAL est gros & pointu par les deux bouts, verdâtre, marqué de taches de rousseur ; cette Poire est très-bonne cuite.

Pyr. fructu magno, utrinque acuto, subvirescente, maculis furfuraceis, distincto, autumnali.

LE SAINT-GERMAIN, qu'on a aussi nommé *l'Inconnue La Fare.* Son eau est abondante & excellente, sa chair est beurrée & fondante ; cette Poire commence sur la fin de Novembre & dure jusqu'en Mars & Avril ; elle est grosse, de forme pyramidale, verte, pointillée de taches rousses.

P. fr. magno, pyramidato, viridi fuscis punctis distincto, brumali.

LA VIRGOULEUSE. La chair de cette Poire est tendre, beurrée & fondante, son eau est abondante, douce, sucrée & relevée ; c'est une des plus excellentes Poires ; elle est grosse, de forme pyramidale camusée, à peau lisse, d'un jaune citron.

P. fr. magno, pyramidato obtuso, glabro, citrino brumali.

LA POIRE DE JARDIN. Elle est grosse, en forme d'orange & mi-partie de jaune & d'un beau rouge foncé ; la chair de ce fruit, qui est fort bon, est demi-cassante, un peu grossière ; son eau est sucrée & fort agréable.

P. fr. magno, aurantii formâ partim flavo, partim pulchre & sature rubro, brumali.

LA ROYALE D'HIVER. Sa chair est demi-beurrée, fondante, très-fine ; son eau est sucrée dans les terreins secs & chauds, elle mûrit en Décembre, Janvier & Février ; cette Poire est bien faite, grosse, lisse, colorée d'un jaune citron & en partie d'un rouge agréable.

P. fr. magno, pyriformi, glabro, partim citrino, partim suaverubente, brumali.

L'ANGLETERRE D'HIVER. Cette Poire est bien faite & alongée sans être grosse ; sa peau citrine est mouchetée de taches jaunes ; sa chair est très-beurrée,

P. fr. medio, pyriformi longo, citrino,

maculis flavis superfparfis , brumali.

fans marc & fans pierres ; fon eau eft douce & agréable ; après le point de fa maturité, qui eft au tems de la précédente, elle ne tarde pas à mollir.

P. f. magno, pyramidato-compreffo , glabro, partim rubente, partim e citrino fubalbido , brumali.

L'ANGÉLIQUE DE BORDEAUX. Lorfque ce fruit eft mûr, fa chair eft caffante & bien tendre ; fon eau eft douce & fucrée ; cette Poire fe garde long-tems ; elle eft un peu moins groffe que le Bon-Chrétien, elle en tient par la couleur & la forme, plus applatie cependant & d'un jaune plus pâle.

P. f. parvo, longo utrinque acuto, luteo, non nihil rubente, brumali.

LE SAINT-AUGUSTIN. Sa chair eft ordinairement ferme, fon eau eft mufquée, & dans les bons terreins abondante & parfumée ; cette Poire eft petite, longue & pointue par les deux bouts ; jaune avec un peu de rouge.

P. f. magno, longiori, diluté virente , brumali.

LE CHAMP RICHE D'ITALIE. Il eft gros, de forme alongée & d'un beau vert , fa chair eft demi-caffante fans pierres : ce fruit eft très-bon cuit & en compotte.

P. fr. maximo, pyriformi-obtufo , viridi, maculis rufefcente, brumali.

LA POIRE DE LIVRE. Cette Poire des plus groffes, de forme réguliere, un peu camufe, & de couleur verte avec des taches rouffes, eft excellente cuite, lorfque fon eau eft adoucie par fa maturité, qui plus ferrée que celle du Catillac , ne dure qu'en Décembre, Janvier & Février.

Pyr. fr. omnium maximo , utrinque acuto citrino, fuperfparfis maculis fulvis, brumali.

LE TRÉSOR, ou *la Poire d'Amour*. C'eft la plus groffe de toutes les Poires ; elle eft pointue par les deux bouts, colorée de citron, tachetée de marques fauves ; la chair de ce fruit eft tendre & prefque fondante lorfqu'elle eft bien mûre ; fon eau eft abondante & douce fans âcreté : cette Poire qui peut fe manger crue eft excellente cuite.

P. f. medio, longulo, fca-

L'ANGÉLIQUE DE ROME. Sa forme eft alongée, fa peau raboteufe eft jaune & teinte d'un peu de rouge ; cette Poire eſt groſſe, belle & bonne : dans un bon terrein un peu humide ſon eau ſera abondante, ſucrée & relevée ; dans une terre ſèche ce fruit ſera médiocre en volume & en bonté, ſa chair ſera caſſante & pierreuſe. *bro, luteo, paululum rubeſcente, brumali.*

Le Martin Sire, ou *la Ronville*. Elle eſt groſſe, bien faite, alongée ; ſa peau eſt verte & liſſe ; ſa chair eſt caſſante ; il y a quelquefois des pierres auprès des pepins : ſon eau eſt douce, ſucrée, quelquefois un peu parfumée. *P. f. magno, pyriformi-longo, glabro, viridi, brumali.*

La Bergamotte de Pasques, ou *Bergamotte d'hiver*, très-groſſe, plutôt ronde qu'en toupie, colorée de vert & de roux ; ſa chair eſt demi beurrée, ſon eau aſſez abondante, relevée d'un leger aigrelet qui ne déplaît pas : ce fruit mûrit en Janvier, Février & Mars. *P. fr. maximo, rotundo-turbinato, hinc viridi, inde leviter rufeſcente, brumali.*

Le Colmart, ou *Poire Manne*. Ce fruit eſt très-gros, en forme de pyramide très-courte ; il eſt vert & coloré d'un beau rouge du côté du ſoleil, ſa chair eſt bien fine, beurrée & fondante ; ſon eau eſt très-douce, ſucrée & relevée : enfin cette Poire eſt excellente, & dure quelquefois juſqu'en Avril. *P. fr. maximo, pyramidato ad turbinatum accedente, hinc viridi, indè dilutiùs rubente, brumali.*

La Bellissisme d'hiver. Sa chair eſt tendre, très-moëlleuſe étant cuite ; ſon eau eſt douce, abondante, ſans âcreté, relevée d'un petit goût de ſauvageon : cette belle Poire ſe conſerve juſqu'en Mai, elle eſt prodigieuſement groſſe, preſque ronde, ſa peau liſſe & blonde eſt colorée d'un fort beau rouge. *Py. fr. quàm maximo, ſubrotundo, glabro, partim flavo, partim pulchrè-rubro ſerotino.*

Le Tonneau. Cette Poire doit ſon nom à ſa forme ; elle eſt très-bonne cuite & en compotes, elle eſt de couleur citrine & colorée en partie d'un beau rouge. *P. fr. maximo dolioli formâ, partim citrino, partim pulchrè rubente, brumali.*

La Poire Donville. Elle eſt de moyenne groſ- *P. fr. medio,* *utrinque acuto, glabro, hinc citrino, inde rubro, brumali,*

feur, pointue par les deux bouts ; fa peau eft liffe, citrine en partie, & en partie rouge ; fa chair eft caffante & fans pierres ; fon eau, quoiqu'un peu âcre, eft relevée & affez agréable : ce fruit eft fort bon cuit ; il peut être mangé crud, & fe conferve juf-qu'en Avril.

P. fr. medio, pyriformi partim citrino, partim pulchre & intenfe rubro, brumali.

LE *TROUVÉ*, ou *la Poire de Prince*, dit auffi *Trouvé de Montagne*. La chair de cette Poire eft caffante, fans pierres, fon eau eft abondante, fucrée & agréable : lorfque ce fruit eft bien mûr, il fe mange crud, & eft excellent cuit & en compotes ; fa groffeur eft moyenne, fa forme régulière ; fes couleurs en partie jaune citron, en partie d'un beau rouge foncé.

P. fr. maximo, pyramidato-truncato, partim citrino, partim dilute rubente, brumali.

LE *BON-CHRÉTIEN D'HIVER*. Cette Poire, à laquelle on donne ordinairement l'honneur de la prééminence, eft extrêmement groffe, de la forme d'une pyramide tronquée, colorée de citron & de rouge ; quoique fa chair foit caffante, elle eft tendre & fine, fon eau abondante, fucrée, douce & un peu vineufe.

P. fr. maximo, plerumque pyriformi obtufo, partim buxeo, partim obfcure rubente, ferotino.

LE *CATILLAC*. Il eft auffi gros & de même forme que la Poire de livre ; il a la peau couleur de buis & en partie d'un rouge obfcur ; cette Poire eft très-bonne cuite & prend une bonne couleur au feu ; elle eft d'ufage jufqu'en Mai.

P. fr. parvo, pyriformi, partim viridiori, partim obfcure rubente, brumali.

LE *ROUSSELET D'HIVER*. C'eft un vrai Rouffelet par fa forme & fa couleur, fa chair eft demi-caffante, & laiffe un peu de marc dans la bouche ; fon eau eft affez abondante & d'un goût affez relevé.

P. f. med. aurantii formâ, compreffo, fpiffius virente, brumali.

LA *POIRE D'ORANGE D'HIVER*. Sa chair eft fine, caffante & fans pierres, l'eau eft très-mufquée & affez agréable : elle mûrit en Février, Mars & Avril.

P. fr. magno, prope pyrifor-

LA *BERGAMOTTE DE SOULERS*, ou *Bonne de Sou-lers*. Elle eft groffe, affez bien faite, colorée de blond & d'un roussâtre gai ; sa chair est fondante, beurrée & sans pierres, son eau sucrée est d'un goût fort agréable.

mi, hinc flavescente, inde dilute rufescente, brumali.

LE POIRIER DOUBLE-FLEUR. Au petit mérite d'avoir ses fleurs semi-doubles, ce Poirier joint celui d'avoir le fruit gros, de forme applatie en toupie, la peau lisse, bien colorée de vert & de rouge foncé ; sa chair abondante en eau est sans pierres & prend beaucoup de couleurs au feu ; cette Poire est très-bonne cuite & en compotes.

P. flore semi - pleno, fructu magno, turbinato-compresso, glabro partim viridi, partim intense rubro, brumali.

LA DOUBLE-FLEUR PANACHÉE. Cette Poire, plus arrondie que la précédente, est agréablement rayée de bandes vertes & de bandes blondes, & mouchetée de taches rouges.

P. flore semipleno, fructu magno rotundo, compresso, viridibus & flavis tæniis & maculis rubris distincto, brumali.

LA POIRE DE PRETRE. Sa chair est demi-cassante, assez fine ; son eau a un petit goût aigrelet qui plaît ; sa couleur est un vert cendré ; elle est grosse & presque de la forme d'une pomme,

P. fr. magno, ad mali formam accendente, e viridi cinereo, brumali.

LA POIRE DE NAPLES. Elle est de moyenne grosseur & un peu renflée en courge, sa peau lisse est blonde & en partie légérement teinte de roussâtre ; sa chair est demi-cassante, quelquefois un peu beurrée; son eau est douce & agréable.

P. fr. modio, non nihil cucurbitato, glabro, hinc flavescente, inde leviter rufescente brumali.

LE CHAT-BRULÉ. Cette Poire est fort belle, sa chair est fine & prend une fort jolie couleur au feu ; elle est propre à faire d'excellentes compotes : sa peau est agréablement colorée de rouge & en partie de jaune.

P. fr. medio, pyriformi, glabro, splendido, partim citrino, partim pulchre & dilute rubente, brumali.

LE MUSCAT L'ALLEMAND. Sa chair est beurrée & fondante ; son eau est musquée & assez relevée : cette Poire se conserve souvent jusqu'en Mai; elle est

P. fr. magno, pyriformi, partim cinereo, partim

rubro, feroti-
no.

groffe, bien faite, colorée de rouge & de gris cendré.

P. f. medio, pyramidato-obtufo, glabro, viridi, ferotino.

L'IMPERIALE à feuilles de Chêne. Elle eſt liſſe, verte, de moyenne groſſeur & de forme pyramidale un peu camuſe; ſa chair eſt demi-fondante, ſon eau eſt ſucrée & bonne : elle mûrit en Avril & Mai.

P. fr. medio, ferè pyrifor-mi, flavo, ſe-rotino.

LE SAINT-PERE, ou ſelon d'autres, *Saint-Pair.* Sa forme eſt régulière, ſa couleur blonde & ſa groſ-ſeur moyenne; ſa chair eſt tendre & ſon eau abon-dante : cette Poire qui peut ſe manger crue dans ſa parfaite maturité, eſt excellente cuite & en compotes; elle commence à mûrir en Mars & ſe conſerve juſ-qu'en Juin.

P. fr. magno, turbinato, partim viridi, partim rubro, maximè ſero-tino.

LA POIRE A GOBERT, ou *d'Angobert.* Cette Poire, qui ſe garde juſqu'au mois de Juin, eſt groſſe, formée en toupie, ſa peau eſt verte & rouge, ſa chair muſ-quée & demi-caſſante.

P. fr. maxi-mo, prope turbinato, vi-ridi, maximè ſerotino.

LA BERGAMOTTE DE HOLLANDE, *Amoſelle*, ou *Bergamotte d'Alençon.* Elle eſt auſſi très-groſſe, verte & en toupie; ſa chair eſt très-bonne & demi-caſſante, ſon eau eſt abondante, agréable & aſſez relevée; enfin elle ſe peut garder juſqu'en Juin, & mérite d'être cultivée.

P. fr. medio, longiſſimo e flavo ſubvi-reſcente, ma-culis fulvis diſtinƈto, ſe-rotino.

LA POIRE DE TARQUIN. Sa chair eſt caſſante, fine & aqueuſe, ſon eau eſt d'un goût aigrelet aſſez agréable; elle eſt moyennement groſſe & très-allon-gée, ſa peau eſt colorée d'un vert pâle & marquée de taches rouſſes.

P. fr. medio, utrinque acu-to, hinc luteo, inde obſcure rubeſcente, maxime ſero-tino.

LE SARASIN eſt de moyenne groſſeur, pointu par les deux bouts, jaune en partie & en partie rouge; ſa chair eſt ſans pierres demi-beurrée dans ſon extrême maturité, ſon eau eſt ſucrée, relevée & un peu par-fumée; cette Poire eſt excellente cuite & en compotes, & ſe garde plus long-tems qu'aucune autre.

LES

LES COIGNASSIERS.

Entre autres le *Coignassier*, ou *Coignier de Portugal*, dont les fruits sont admirables pour leur beauté.

LES POMMIERS.

Le *Calville d'Eté*. Cette Pomme mûrit à la fin de Juillet ; mais on la mange en compotes au commencement de ce mois, sa maturité diminuant son mérite, parce qu'elle devient cotonneuse : elle est d'une forme conique, à côtes petites & d'un rouge agréable.

Malus fructu parvo, subconico, costato, pulchrè rubro præcoci.

La *Postophe d'Été*. Elle ressemble beaucoup au Calville par son goût & sa chair grainue ; cette Pomme, qui mûrit vers la fin de Juillet, est rouge & de moyenne grosseur ; on remarque qu'elle ne renferme que quatre logettes au lieu de cinq.

Malus fructu medio, rubro, quadriloculari, carne granosâ æstivo.

La *Passe-pomme rouge*. Quoiqu'elle ne soit en parfaite maturité qu'au mois d'Août, on peut l'employer en compotes au tems du Calville d'Eté. Elle est d'un beau rouge, petite & platte.

Malus fructu parvo, globoso-compresso, pulchrè rubro æstivo.

Il y a en outre une *Passe-pomme d'Automne*, dite Pomme d'*Outre-passe*, ou *Générale*, & une troisième qui est la *Passe-pomme blanche*.

Le *Rambour franc*. C'est une des plus grosses Pommes, de forme applatie, de couleur blanche fouettée de rouge ; sa chair est un peu grossiere, mais

Malus fructu maximo-compresso, albido, tæniolis

rubris virgato autumnali.

étant cuite, elle est légère & fort bonne ; son eau est d'un aigrelet que le feu émousse & rend agréable ; elle mûrit au commencement de Septembre & dure jusqu'à la fin d'Octobre ; cuite & en compote elle est très-estimée.

Malus fructu medio , oblongo, rubello , tæniolis intense rubris virgato , autumnali.

LE PIGEONNET. Cette Pomme est très-estimée, quoiqu'elle ne se conserve que jusqu'en Novembre ; elle est de moyenne grosseur, allongée, rougeâtre & fouettée de bandes plus rouges : sa chair est blanche, fine & très-agréable au goût.

Malus fructu medio, compresso, luteo, acidè dulci, autumnali.

LA REINETTE JAUNE HATIVE. La chair de cette Pomme est tendre, un peu sujette à devenir cotonneuse, son eau abondante, moins relevée que celle des autres Reinettes ; c'est cependant une des meilleures Pommes de sa saison ; mais elle a le défaut de ne durer que jusqu'au commencement d'Octobre.

Malus fructu medio, aureo, inodoro, autumnali.

LE FENOUILLET JAUNE, dit *Drap d'Or* pour sa belle couleur. Il tient des autres Fenouillets, sa chair est blanche, ferme sans marc & presque sans odeur, plus délicate que celle du Fenouillet gris ; son eau douce, relevée, fort agréable ; on regarde avec raison cette Pomme, comme une des meilleures ; mais elle passe rarement le mois de Novembre sans se pourrir, & trop mûre elle est cotonneuse.

Malus fructu magno , glabro, formâ eximiâ, rutilato, autumnali.

LE VRAI DRAP-D'OR. La chair de cette Pomme est légère, un peu grenue, sujette à devenir cotonneuse ; elle se conserve jusqu'à la fin de Décembre & se fait regretter en nous quittant. Sa forme est très-belle & sa peau lisse d'un jaune doré brillant.

Malus fructu medio, saturè rubro, punctis flavis distincto , acidè dulci, autumnali.

LA REINETTE DE BRETAGNE. Ce fruit est très-bon & se conserve quelquefois jusqu'à la fin de Décembre ; sa peau fort rouge est piquetée de points jaunes ; sa chair ferme, cassante, d'un blanc qui tire sur le jaune & fort odorante. Son eau est abondante, fucrée, relevée, quoique moins aiguifée d'aigrelet que les bonnes Reinettes.

LE CALVILLE ROUGE. On la connoît pour une groffe Pomme à côte dont la peau eft d'un rouge foncé, la chair grainue eft teinte de rofe, fon eau eft d'un goût relevé, vineux & agréable; on croit y fentir une petite odeur de violette. Mais comme la commune ne fe garde pas long-tems, on doit lui pré- férer la Calville rouge Normande de Merlet qui fe conferve jufqu'à la fin de Mars.

Malus fativa fructu magno, intenfe ruben- te violæ, odo- re.

LE FENOUILLET GRIS, ou *Anis*. La chair de cette Pomme eft tendre, fine, fans odeur; mais fon eau eft fucrée & parfumée de fenouil dans le point de maturité où elle commence à faner : plus tard elle feroit cotonneufe; cette Pomme mûrit en Décembre & fe garde jufqu'en Février; c'eft une variété du gros Fenouillet, dont elle ne différe que par la groffeur & par le goût un peu moins relevé; fa couleur eft un jaune brun.

Malus fructu parvo, ful- vaftro, ino- doro, bruma- li.

LE FENOUILLET ROUGE, *Bardin*, ou *Courpendu de la Quintinie*. Il eft diftingué du Fenouillet gris par fa peau plus foncée, fouettée d'un rouge brun du côté du foleil, & par fa queue, qui eft groffe & fort courte, d'où elle eft nommée Courpendue; fa chair eft plus ferme, d'un goût plus relevé & plus fucré. Elle fe conferve auffi plus long-tems, quelquefois juf- qu'à la fin de Février.

Malus fructu medio, cine- reo, maculis rubro-fufcis ad folem diftinc- to, brumali.

LE POMMIER DOUX, *Doux à trochet*. Elle eft médiocre en groffeur, allongée en pain de fucre, de couleur verte fouettée de rouge; la chair de cette Pomme eft ferme, fans marc, ayant peu d'odeur; fon eau eft douce, fort agréable & peu relevée; ce fruit, qui n'eft point affez commun dans ces cantons, mûrit en Décembre & fe garde long-tems.

Malus fructu medio (vel parvo) fub- conico, viri- di, lineis e vanide rubris virgato, bru- mali.

Malus fructu medio, conico, glabro, roſeo, quadri-loculari, bru-mali.

LE PIGEON, *Cœur de Pigeon*, ou *Pomme de Jé-ruſalem*. C'eſt une très-jolie pomme à la vue & au goût; elle eſt de moyenne groſſeur, en pain de ſucre; ſa peau eſt liſſe, couleur de roſe, ſa chair fine très-délicate, grainue, légère, ferme & blanche; ſon eau a une acidité agréable. On obſerve qu'elle n'a que quatre logettes.

Malus fructu magno, com-preſſo, gla-bro, ſaturè rubro, bruma-li.

LE GROS FAROS. Sa chair eſt ferme, fine, ſon eau très-bonne, abondante & relevée; c'eſt une excel-lente pomme, qui ſe conſerve juſques vers la fin de Février; elle eſt groſſe, applatie, liſſe & d'un rouge foncé.

Malus fructu medio oblon-go, glabro, purpureo, bru-mali.

LE PETIT FAROS. Cette Pomme très-bonne ſe conſerve auſſi juſqu'en Février; elle eſt moins groſſe, allongée, liſſe & de couleur pourprée; ſa chair eſt blanche, un peu grainue, & ſon eau des plus agréa-bles.

Malus fructu medio, com-preſſo, flavo, acidè, dulci, brumali.

LA REINETTE DORÉE, ou *Reinette jaune tardive*. Cette Pomme trop rare eſt comparable à la Rei-nette franche; elle mûrit en Décembre & ſe paſſe en Février quand l'autre commence; ſa chair eſt blan-che, ferme, fine, odorante, ſon eau abondante, très-ſucrée & preſque ſans acide.

Malus fructu medio, au-reo, acidè dulci, bruma-li.

LA POMME D'OR, ou *Reinette d'Angleterre*. Elle tient de la Reinette franche pour ſa chair; ſon eau eſt abondante, d'un goût ſucré & bien relevé; elle eſt excellente & mérite de devenir commune.

Malus fructu maximo, coſ-tato, e viridi luteo, acide dulci, bru-mali.

LA GROSSE REINETTE D'ANGLETERRE. En effet elle eſt très-groſſe, à côtes relevées & d'un vert jau-nâtre; c'eſt une très-belle pomme; mais ſa chair eſt moins ferme que celle de la Reinette franche, & ſon eau un peu moins relevée : elle mûrit auſſi en Dé-cembre, Janvier & Février.

L'Api. Sa chair fans odeur eft très-fine, blanche, croquante, fans marc & ne fe fanne point ; l'eau en eft douce, fraîche & agréable ; cette jolie pomme fe conferve fouvent jufqu'en Mai : fa peau liffe & brillante colorée en partie d'un vert jaunâtre, & en partie du plus beau rouge pourpré, fait l'ornement des defferts de cette faifon.

Malus fructu parvo, glabro, hinc fubflavefcente, iudè fplendide purpureo inodoro, brumali.

L'Api noir. On cultive peu cet arbre, dont le fruit n'a pas les qualités du précédent ; car il fe conferve moins long-tems & eft un peu fujet à fe cotonner, fa couleur très-brune eft fon feul mérite.

Malus fructu parvo, compreffo, glabro nigricante, inodoro, brumali.

Le Pommier nain de Reinette. Ce pommier greffé fur fauvageon ou fur Doucin, refte plus nain que les autres efpeces fur Paradis ; & lorfqu'il eft greffé fur ce dernier, il égale à peine un pied de giroflée : fon fruit paroît être une variété de la Reinette blanche, ayant fa forme, fa couleur, fa confiftance & fon goût.

Malus pumila fructu medio, albido, acidè dulci, brumali.

La Reinette blanche. Sa chair eft blanche, tendre, très-odorante ; elle fe cotonne plutôt qu'elle ne fe fanne ; fon eau abondante eft d'un goût agréable peu relevé ; cette Pomme mûrit en Décembre, & ne paffe pas le mois de Mars.

Malus fructu vix medio, albido, acidè dulci, brumali.

La Non-pareille. Cette Pomme eft groffe, applatie, d'un vert blond, fa chair tendre, fon eau agréable, relevée d'un peu d'acide, fon goût approche de celui de la Reinette, cette Pomme eft très-bonne ; elle mûrit en Janvier, Février & Mars.

Malus fructu magno, compreffo, e viridi flavefcente, acidulo, brumali.

Le Capendu. Elle eft petite & mi-partie d'un rouge brun & d'un rouge pourpré ; cette Pomme, qui fe conferve jufqu'à la fin de Mars, a la chair fine, l'eau aigrelette & fort agréable.

Malus fructu parvo, hinc atro-rubente, inde purpurafcente, brumali.

La Haute-bonté. Sa forme eft celle de la pré-

Malus fructu

Malus fructu magno, compreſſo, coſtato, lætè viridi brumali.

cédente, elle s'en diſtingue par ſes côtes & par un vert plus gai, ſa chair eſt tendre, délicate, fort odorante ; ſon eau abondante eſt relevée d'un aigrelet fin. Cette Pomme ſe conſerve juſqu'en Avril.

Malus fructu minimo, globoſo, glabro, nigricante, inodoro, brumali.

La Pomme noire. Sa chair eſt blanche, ſans odeur ; ſon eau fraîche eſt douce : cette petite Pomme, qui ſe conſerve long-tems, eſt encore plus noire que l'Api noir.

Malus fructu medio, compreſſo, e cinereo fulvaſtro, in duro, brumali.

La Reinette grise de Champagne. Ceux qui n'aiment pas l'odeur & l'acidité des autres Reinettes, leur préférent celle-ci ; ſa chair caſſante a peu d'odeur ; mais ſon eau eſt ſucrée & fort agréable : cette Pomme ſe garde long-tems.

La Pomme-poire, qu'on ne comprend pas parmi les bons fruits, eſt par ſa forme & ſa couleur aſſez ſemblable à certaines Reinettes griſes ; on ne la regarde cependant pas comme une variété, ſa chair eſt plus dure, ſèche & d'un goût moins relevé ; ſon mérite conſiſte en ce qu'elle ſe conſerve long-tems.

Malus fructu magno, hinc rubro, inde albido, acidè dulci, brumali.

La Reinette rouge. Outre ſa couleur mi-partie de blanc & de rouge, ſa chair d'un blanc un peu jaunâtre, & ſon eau d'un aigrelet plus relevé que celle de la Reinette franche, la diſtinguent de cette derniere avec laquelle pluſieurs la confondent ; elle paroît en être une variété & lui eſt peu inférieure ; mais elle ne dure pas auſſi long tems.

Malus fructu maximo, compreſſo, hinc albido, inde flavo, punctis & tæniolis ſanguineis diſtincto, brumali.

Le Rambour d'hiver. Quoiqu'elle ait un petit retour d'âcreté, elle eſt fort bonne cuite ou en compottes, ſa chair eſt tendre. Elle ſe conſerve juſqu'en Mars ; ſa couleur eſt en partie blanche & en partie jaune, elle a auſſi des points & des lanieres d'un rouge ſanguin.

Malus fructu medio, lon-

La Pomme violette. Cette Pomme de moyenne groſſeur & fort alongée a la chair fine & délicate ;

son eau qui tient un peu de celle du Calville, eſt ſucrée, douce & un peu parfumée de violette; on peut la regarder comme une des meilleures Pommes : il s'en garde juſqu'en Mai.

giori, ſapore violæ, ſerotino.

Le gros Api, ou *Pomme-roſe*. Sa chair eſt très-blanche, ſans marc, moins ferme & moins fine que celle du petit Api; ſon eau eſt abondante & aſſez agréable; quelques-uns croient y trouver un petit parfum de roſe; elle ſe conſerve long-tems : elle eſt de moyenne groſſeur, applatie & d'un gros rouge pourpré.

Malus fructu medio, compreſſo, ſature purpureo, inodoro, brumali.

La Pomme étoilée, ou *Pomme d'Etoile* eſt petite & a cinq angles; ſa couleur eſt mi-partie de jaune & d'un rouge jauniſſant; ſa chair ferme, un peu groſſiere; ſon eau tient un peu du ſauvageon : le plus grand mérite de cette Pomme eſt de ſe conſerver juſqu'en Juin.

Malus fructu parvo, Pentagono, partim luteo, partim e rubro flaveſcente, ſerotino.

La Reinette grise. Sa forme eſt applatie, ſa chair eſt ferme, fine, d'un blanc jaune; elle abonde en eau ſucrée, relevée d'un acide très-fin & fort agréable, ce qui la fait regarder par pluſieurs comme la meilleure de toutes; elle ſe conſerve preſqu'auſſi long-tems que la Reinette franche.

Malus fructu magno, compreſſo, cinereo, acidulè-dulci, brumali.

La Postophe d'hiver. Quoique ſon eau ſoit moins relevée que celle des Reinettes, elle a cependant un aigrelet aſſez fin pour la rendre agréable : cette Pomme n'ayant que de bonnes qualités mérite d'être commune; elle ſe conſerve iuſqu'en Mai & ſouvent au-delà. Elle eſt groſſe, applatie, mais à côtes d'un rouge pourpré inégal.

Malus fructu magno, compreſſo, glabro, prominenter coſtato, hinc ſaturè, indè dilutè purpureo, ſerotino.

La Reinette franche. La chair de cette Pomme eſt ferme, blanche, jaunit un peu dans ſon déclin; ſon e a relevée, ſucrée & d'un goût très-agréable, la fait regarder comme la Reine des Pommes :

Malus fructu magno, acidè-dulci, ſerotino.

elle a de plus la qualité de se conserver jusqu'aux nouvelles & commence à mûrir en Février.

On distingue plusieurs variétés de Reinettes franches qui ne diffèrent que par leur forme ou couleur, comme la *Reinette rousse*, qui est un excellent fruit, d'un goût très-fin & bien relevé, ainsi nommée parce qu'elle est couverte de plusieurs taches rousses.

Malus fructu magno, albido . glaciato.

LA POMME DE GLACE, ou *Transparente*. Il ne la faut point manger trop mûre ; à son point sa chair est tendre, son eau abondante & relevée d'acidité, ce qui rend cette pomme très-bonne cuite ou séchée au four : lorsque sa maturité est passée, sa chair devient ferme, de couleur verdâtre & transparente.

Malus fructifera flore fugaci.

LA POMME-FIGUE. Ce Pommier intéresse plus la curiosité que l'économie ; son fruit est de forme irrégulière, & sa peau d'un vert jaunâtre lavée de rouge brun du côté du soleil : ses fleurs rassemblées en bouquet sont couvertes dans toutes leurs parties de duvet ; elles sont dépourvues des pétales qui se voient dans toutes les autres, ce qui a fait dire que ce fruit se formoit sans fleurs, comme on le pensoit aussi alors de la Figue, dont les fleurs sont intérieures, & répondent à chacun des grains qu'elle renferme.

N. B. Le sieur ANDRIEUX fournira sans délai des principales sortes de Pommes greffées sur Paradis de différens âges, & fera greffer les autres si l'on souhaite sur les demandes qui lui en seront faites.

Il espère aussi offrir dans peu aux curieux des greffes & même des sujets greffés de la monstrueuse Reinette de Canada, excellente à manger, & qui pèse entre une livre & cinq quarterons.

Il prie aussi les Curieux de lui adresser chaque année dès l'automne, s'il est possible, l'état des arbres qu'ils souhaiteront avoir ; ils seront plus certains d'être satisfaits sur tous les articles.

F I N.

INDEX
C. à LINNÉ
NOMINUM TRIVIALIUM.

FINIS.

9 782329 369358